EXPLORATION AND DISCOVERY

探索与发现

奇妙的生态环境

·生动的文字·缜密的思维·精彩的图片·

曾才友◎改编

全新

青少年科普读物

上海科学普及出版社

图书在版编目（CIP）数据

奇妙的生态环境 / 曾才友改编. ——上海 : 上海科学普及出版社，2018（2022.06 重印）

（探索与发现）

ISBN 978-7-5427-7107-0

Ⅰ. ①奇… Ⅱ. ①曾… Ⅲ. ①生态环境－青少年读物 Ⅳ. ① X171.1-49

中国版本图书馆 CIP 数据核字（2017）第 283778 号

责任编辑　吴隆庆

奇妙的生态环境

曾才友 改编

上海科学普及出版社出版发行

（上海中山北路 832 号　邮政编码 200070）

http://www.pspsh.com

各地新华书店经销　北京兰星球彩色印刷有限公司印刷

开本 787mm×1092mm　1/16　印张 13　字数 180 千字

2018 年 8 月第 1 版　2022 年 6 月第 2 次印刷

ISBN 978-7-5427-7107-0　　定价 39.80元

前　言

在人类生态系统中，一切能被生物和人类的生存、繁衍和发展所利用的物质、能量、信息、时间和空间，都可以视为生物和人类的生态资源。从这个概念的外延中，我们可以看出，不单单传统观念中的矿产、土地、水、森林草地、所有生物等都属于生态资源，就连摸不着看不见的大气、耀眼的阳光、变化多端的风这些抽象的东西也都是生态资源的一分子。

生态资源关乎着人类的生存、生产、生活，人类每一刻都生活在生态资源的“包围”中，人类需要呼吸空气，需要吃饭，需要生产再创造，这一切都离不开生态资源，现在离不开，将来也离不开，永远都离不开。实际上，人类也是生态资源的一部分，只不过比较特殊罢了。

人类与生态资源有着千丝万缕的关系，人类的活动影响和改变着生态资源世界，生态资源世界也无时无刻不在反过来影响和改变着人类。

世界人口的激增和科学技术的巨大进步使得人类以前所未有的规模和速度改变着生存环境，这些变化，一方面推动了人类社会经济的发展，另一方面由于工农业生产、交通运输、城市化所导致的大气及水体污染、土地退化，乃至气候的变化从区域扩展至全球范围。这些由于人类活动直接或间接造成的生态世界的变化，正日益把一系列严重的生态问题摆在人类面前：温室效应导致全球气候变暖，致使南北极冰川正在消融，全球海平面上升，进而导致海啸、台风、水灾频频发生；由于人类无节制的滥砍滥伐，致使森林草地覆盖面积急剧减少，造成水土流失、土地退化、狂风肆虐；每年数以万万吨级的垃圾又使地球表面伤痕累累、负载重重。太多太多的生态苦果已使人类苦不堪言，而这一切又怨得了谁呢？

本书从多角度入手，多视角着眼，把现今有关人类应该重视的生态问题列举出来，以期引起人们重视，从而加入爱护家园的行列中来，为建设我们美丽的家园出一份力。

目录
Contents

地球——人类生态资源的载体

地球的内部圈层

地　核

众所周知，地球的平均半径为6371千米。地球物理学研究揭示，从地心向外，可以分为以下几个圈层：地核、地幔、地壳。地核又分为固态内核和液态外核。

固态内核

固态内核是地球的核心部分，呈固态，或认为因受超强压力［压强为（3.33～3.67）$\times 10^{11}$帕］作用使原子壳层破坏而呈超固态，密度达10～12克/立方厘米，温度达4000～4500℃。内核的半径约1225千米。

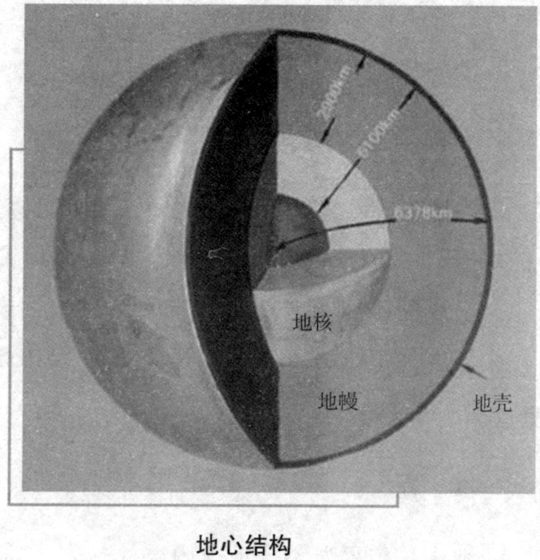

地心结构

液态外核

液态外核厚约2250千米，

温度为3000～4000℃，压强为（1.5～3.0）$\times 10^{11}$帕，密度为6～10克/立方厘米，据推测，由液态铁组成，其中可能含镍约10%，并有大约15%较轻的元素，如硫、硅、氧、钾和氢等存在。

地核质量约占地球全部的33%。

地　幔

地幔位于地核与地壳之间的构造层，厚约2860千米，主要由橄榄岩类组成，即富含铁、镁的硅酸盐岩石，与其上的地壳成分不同。根据地震波速在400千米和670千米深度上存在两个明显的不连续面，可将地幔分为3部分：

上地幔

地壳以下至400千米深度。地幔的顶部和地壳刚性较好、温度较低，这部分称为岩石圈，其厚度不甚均匀，海洋下较薄，洋中脊最新部分仅6～8千米，最老部分约100千米。大陆上较厚，为100～400千米。岩石圈以下温度较高而刚性较弱，能缓慢变形，这部分称为软流层。

过渡层

深度在400～670千米之间。

下地幔

深度在670～2891千米之间，成分与构造比较均匀。地幔中存在着物质的对流：一方面，洋壳板块向下俯冲而逐渐消减；另一方面，地幔下部物质又沿某些特殊的“通道”向上运动，形成地（幔）柱，或称地幔羽。地幔中温度为1000～3000℃，压强为（2～100）$\times 10^{5}$帕，岩石密度为3.5～4.5克/立方厘米。

地　壳

地壳是包裹着整个地球内部的薄壳。质量只占全球的0.2%。厚度不均

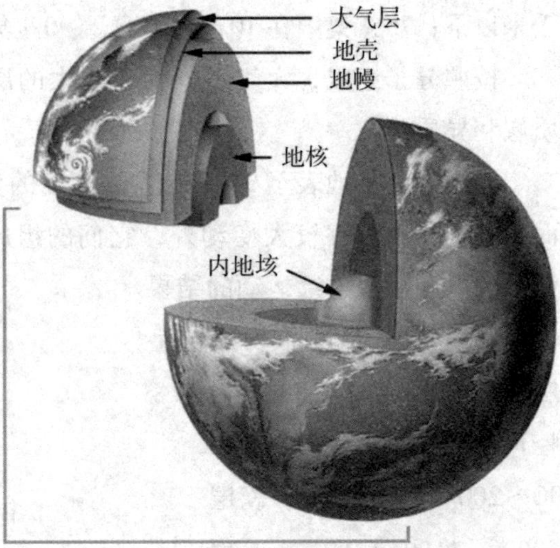

地 壳

匀：洋壳极薄，仅2～11千米（包括海水），平均约7千米，密度3～3.1克/立方厘米，主要由镁铁质火成岩，即玄武岩和辉长岩组成，上覆极薄的深海沉积物；陆壳较厚，为15～80千米，平均35千米，密度2.7～2.8克/立方厘米，由火成岩、变质岩和沉积岩组成，因此其成分不均匀。地壳与地幔之间地震波和传导速度有突然的变化，这个界面称为莫霍面。

地壳就其厚度而言仅及地球半径的5‰，形象地说，就像一只苹果的外皮那样薄薄的一层。

然而正是这个薄层内包含了大陆与海盆，也是大陆与海洋沉积物、海洋盐类、大气圈气体、海洋、陆地与大气中一切自由水的源泉。同时，它还是人类所需各种化石燃料和矿物原料的储藏所。

地球的外部圈层

大气圈

大气圈就是指包围着整个地球的空气层。大气圈的边界很难确定，但从流星和北极光的最高发光点推算，在离地球表面800千米的高空还有少量空气存在。一般来说，大气圈的厚度为1000千米。

大气圈的总质量估计为5.2×10^{15}吨，相当于地球质量（5.974×10^{21}吨）的百万分之一。大气质量在垂直方向的分布是极不均匀的。由于受地心引力的作用，大气的质量主要集中在下部，其中的50%集中在离地面5

千米以下；75%集中在10千米以下，90%集中在30千米以下。

按照分子组成，大气可分为2个大的层次：均质层和非均质层（或同质层和异质层）。

均质层为从地表至90千米左右高度的大气层，其密度随着高度的增加而减小。除水汽有较大变动外，它们的组成是稳定均一的。这是由于大气低层的风和湍流连续运动的结果。

均质层上面是非均质层，根据其成分又可分为4个层次：氮层（距地面90～200千米）、原子氧层（200～1100千米）、氦层（1100～3200千米）、氢层（3200～9600千米）。在这4个层次之间，都存在过渡带，没有明显的分界面。

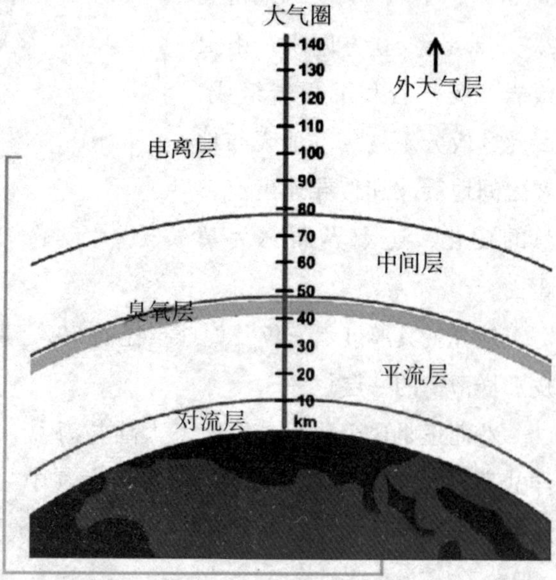

大气层结构示意图

按大气的化学和物理性质，大气圈也可分为光化层和离子层，两层大致以平流层顶为分界线。

大气圈垂直方向有各种各样的分层方法。目前世界各国普遍采用的分层方法是1962年世界气象组织执行委员会正式通过国际大地测量和地球物理联合会所建议的分层系统，即根据大气温度随高度垂直变化的特征，将大气分为对流层、平流层、中间层、热成层和逸散层。

对流层

大气圈的最低一层，其平均厚度约为12千米。对流层是大气中最活跃的一层，存在着强烈的垂直对流作用，同时也存在着较大的水平运动。对流层里水汽、尘埃较多，雨、雪、云、雾、雹、霜、雷、电等主要的天气现象与过程都发生在这一层里。此层大气对人类的影响最大，通常所指的大气污染就是对此层而言。尤其是在靠地面1~2千米的范围内，受到地形、生物等影响，局部空气更是复杂多变。对流层内大气温度随高度的增加而下降，其平均温度递减率约为－6.5℃/千米。

对流层顶的实际高度随纬度位置和季节而变化。平均而言，对流层的高度从赤道向两极减小，在低纬度地区对流层高约18千米，中纬度地区为11千米，高纬度地区为8千米。

对流层相对于整个大气圈的总厚度来说是相当薄的，而它的质量却占整个大气总质量的3/4以上。

平流层

从对流层顶以上到50千米左右的高度叫平流层，也叫同温层。平流层的下部有一很明显的稳定层，温度不随高度变化或变化很小，近似等温。然后随高度增加而温度上升。这主要是由于地表辐射影响的减少和氧及臭氧对太阳辐射吸收加热，使大气温度随高度增加而上升。这种温度结构抑制了大气垂直运动的发展，大气只有水平方向的运动。

在平流层中水汽和尘埃含量很少，没有对流层中那种云、雨等天气现象。

在平流层之上，距地面大约50千米的地方温度达到了最高值，这就是平流层顶。

中间层

平流层顶以上到大约80千米的一层大气叫作中间层。在这一层中温度随高度增加而下降。在中间层顶，气温达到极低值，是大气中最冷的一层。

在中间层内，大气又可发生垂直对流运动。该层水汽浓度很低，但由于对流运动的发展，在某些特定条件下仍能出现夜光云。在大约60千米的高度上，大气分子在白天开始电离。因此，在60~80千米之间是均质层转向非均质层的过渡层。

热成层

在中间层顶之上的大气层称为热成层，也称作增温层或电离层。在热成层中大气温度随高度增加而急剧上升。到大约1000千米，白天气温可达1250～1750K。在热成层中由于太阳和其他星球辐射各种射线的作用，该层中大部分空气分子大都发生电离，成为原子、离子和自由电子，所以这一层也叫电离层。

在热成层中由于太阳辐射强度的变化，而使各种成分离解过程表现出不同的特征。因此大气的化学组成也随高度增加而有很大的变化。这就是非均质层的由来。

逸散层

在热成层之上的大气层称为逸散层，也称外大气层，是大气圈的最外层，大约在800千米以上。在外层，大气极为稀薄，地心引力微弱，大气质点之间很难相互碰撞。有些运动速度较快的大气质点有可能完全摆脱地球引力而进入宇宙空间去。

大气的主要成分是氮和氧，这种大气的化学组成在太阳系的九大行星中非常特殊。离地球最近的两颗行星——金星和火星的大气化学组成就与地球大气完全不同，其主要成分是二氧化碳，氧含量极少，几乎不存在。

地球大气的成分除主要气体氮和氧外，还有氩和二氧化碳，上述4种气体占大气圈总体积的99.99%。此外还有氖，氦、氪、氙、氢、甲烷、一氧化二氮、一氧化碳、臭氧、水汽、二氧化硫、硫化氢、氨、气溶胶等微量气体。

在组成地球大气的多种气体中，包括稳定组分和可变的不稳定组分。氮、氧、氩、氖、氦、氪、甲烷、氢、氙等是大气中的稳定组分，这一组分的比例，从地球表面至90千米的高度范围内都是稳定的。二氧化碳、二氧化硫、硫化氢、臭氧、水汽等是地球大气中的不稳定组分。

另外，地球大气中还含有一些固体和液体的杂质。其主要源于自然界的火山爆发、地震、岩石风化、森林火灾等和人类活动产生的煤烟、尘、硫氧化物和氮氧化物等，这也是地球大气中的不稳定组分。

地球大气圈的形成与演化，经历了漫长的地质时期。现在大气圈的面貌是地球各圈层（主要是生物圈）塑造的。生物圈各组分与大气之间保持着十分密切的物质与能量的交换，它们从大气中摄取某些必需的成分，经过光合作用、呼吸作用和其残体的好气或厌气分解作用，又把一些气体释放到大气中去，使大气的组分保持着平衡。

如果大气组分的这种平衡一旦遭到破坏，就会对许多生物甚至会对整个生物圈造成灾难性的生态后果。

就以大气组分中的二氧化碳而论，尽管它在大气圈中只占0.03%，但对地球上的生物却很重要。据估算，生物圈每年由大气吸收的二氧化碳约为 480×10^9 吨，而向大气排放的二氧化碳也差不多是这一数值。19 世纪工业革命以前，大气中二氧化碳的浓度一直保持在0.028%。工业革命后，随着人口增加和工业发展，人类活动已经开始打破了二氧化碳的自然平衡。植被（尤其是森林）的破坏和大量化石燃料及生物体的燃烧使生物圈向大气排放的二氧化碳量超过了它从大气中吸收的二氧化碳量，使大气二氧化碳浓度逐年上升，目前已经达到0.035%左右。由于二氧化碳具有吸收长波辐射的特性，而使地球表面温度升高，并因此导致一系列连锁反应，其中对人类影响较大的是温度上升会使极地冰帽融化，海平面上升，世界上许多地区将被淹没在海水之下。

相反，如果二氧化碳含量减少，则会引起气温下降，这种温度下降的幅度即使很小，也会带来很大的影响。因为温度下降会使作物生长期缩短，而导致产量减少。

对于含量极少的甲烷也是如此，其浓度目前为1.4ppm（意为百万分之一，现在通常用其法定计量单位“毫克/千克”来表示），只要略有增高，在现有氧的浓度下就会因闪电而燃烧。而更重要的是，甲烷的“温室效应”比二氧化碳效果强300多倍。对全球变暖起着重要作用。

对于生命活动至关重要的氧更是如此。大气中氧浓度的降低或增高都会影响许多重要的生命过程和产生一些意想不到的恶果。氧浓度的大小决定了生物的演化过程。30亿年前，地球大气中氧的浓度只有现在浓度的1‰，生命只可能出现在水下10米深处。大约距今6亿年时，地球大气中氧的浓度达到了现在浓度的百分之一，生物开始出现在水面上，这是生物发展史上的第一个关键浓度。到了大约4亿年以前，大气中氧的浓度达到了现在浓度的1/10，生物从海洋登上了陆地，这是生物发展史上的第二个关键浓度。此后，地球大气中氧的浓度尽管也出现过小幅度的波动（比现在浓度高），但一直保持在一定的水平上，即复氧与耗氧之间达到了某种平衡。

另外，大气中氧含量如果由现在的21%增高至25%，则雷电就能把嫩枝与草地点燃，造成连绵不断的火灾，使全球植被化为乌有。当然，这只是一种假想的情况，因为发生森林火灾的同时也消耗了大气中的氧，这里还存在一些负反馈机制问题。

诚然，大气圈以其巨大的体积与质量，更由于存在着反馈机制，要想改变其组成的1%、1‰乃至1‱并非易事。然而，人类以其巨大的数量和今日高度发展的科学技术，对大气圈发生着一定的影响。

水　圈

海洋面积占地球表面的71%，如果把海洋中所有的水均匀地铺盖在地球表面，地球表面就会形成一个厚度约2700米的水圈。所以有人说地球的名字是取错的，应该叫它“水球”。

不过，在四五十亿年前，当地球刚刚诞生的时候，它的表面几乎找不到一滴水，当然不会有任何生命。后来，地球渐渐冷却下来，弥漫在大气层中的水蒸气开始凝结成雨，不断地降到地球上，流向低洼的地方，日积月累，逐渐形成了原始的湖泊和海洋。地球上最早的生命物质，就是从原始海洋中萌发的。

地球水圈介于大气圈和岩石圈之间，它由海洋、湖泊、江河、沼泽、地下水及冰川等液态水和固态水组成。据科学家估算，地球表层的总水量约为14亿立方千米，其中海洋水占97.3%，以冰川为主的陆上水占2.7%，大气中的水，与前两者在太阳的照射下，地球水圈处于不间断的循环运动之中。海洋和陆地上的水受热蒸发形成水汽升入空中，成为大气水；大气水在适宜的条件下又凝结为雨雪降到地面或海洋。地面上的水或汇入江河湖海，或渗入土壤和岩石缝隙成为地下水，或又直接蒸发进入大气，循环往复。在这循环运动中，大气是水分的重要的“运输工具”。由于地球上永不停息地进行着大规模的水循环，才使得地球表面沧桑巨变，万物生机盎然。

生物圈

在太阳系中，地球是唯一存在生命的星球。无论是冰天雪地的南极，还是赤日炎炎的热带；无论是干旱燥热的沙漠，还是碧波万顷的海洋；无论是地层深处，还是高空，到处都可以找到生命的踪迹。人们把地球上动物、植物和微生物所存在和活动的圈层，称为地球生物圈。

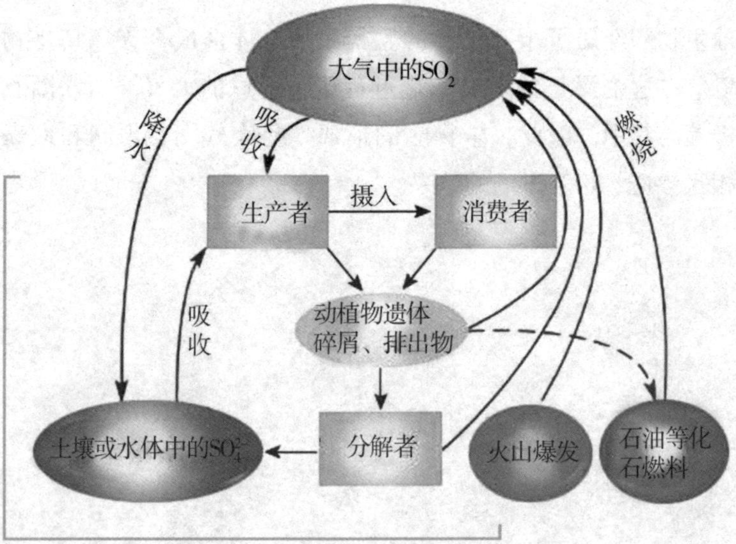

生物世界中的物质循环

植物是生物圈中的重要成员。许多科学家认为，在地球形成的早期，大气中的主要成分是二氧化碳，氧气的含量极少。直到大量植物出现以后，由于植物的光合作用而产生大量的氧气，才使具有高度智慧的人类和大量动物得以生存。据统计，地球上的植物有50多万种。

那些生长在一起的植物叫植被，如森林植被、草原植被、荒漠植被等。

生物圈中的动物分布极为广泛。据估计，地球上的动物约有150万种。根据不同的自然景观中动物类群的生态特征，可将它们分为森林动物、草原动物、荒漠动物、苔原动物和高山动物等。

地球上的生物都有很强的适应环境的生存能力，尤其是微生物，具有顽强的生命力和繁殖能力。地质勘探表明，在地下几百米甚至1000米的深处，都有细菌存在。有些鱼类和低等浮游生物可在十几千米以下的深海中生活。

生命的过程就是生物不断地把太阳能转化成化学能的过程。煤和石油都是由于生物死亡后堆积演化而成的；岩石的风化，土壤的形成，都离不开生物的积极参与。

地球生物圈经历了十几亿年的繁衍发展，才形成今天一切生物得以生存的环境。在这个漫长的发展演化过程中，地球的大气圈、水圈及地壳表面都积极参与其中。因此，生物圈的形成，是大气圈、水圈和地壳间相互接触、相互渗透、相互影响的结果。

地球上的自然资源

矿产资源

截至目前，全世界发现的矿产近 200 种（我国发现 168 种），据对 154 个国家主要矿产资源的测算结果，世界矿产资源总的潜在价值约为 142 万亿美元。

世界上蕴藏量最丰富的大概就是黑色金属了。黑色金属，包括铁、锰、

矿产资源

铬、钛和钒等5种矿产。

全球铁矿石资源相当丰富。估计地质储量在8000亿吨以上，而探明储量为4000多亿吨。按现有生产水平，可供应400年。铁矿资源主要集中于俄罗斯、巴西、中国、加拿大、澳大利亚、印度、美国等十多个国家。

锰储量为7.26亿~8亿吨，未包括海底锰资源。世界锰储量的80%以上集中在原苏联和南非。上述储量的静态保证年限为40年。但由于有海底锰结核和锰结壳这一未开发的资源潜力，世界不必担心锰矿资源不足。

铬、钛、钒金属已探明的储量分别为14亿吨、2亿吨（钛铁矿）、1000万吨，静态保证年限分别为132年、55年和312年。

有色金属，包括铝、铜、铅、锌、钨、锡、钼、锑、镍、镁、汞、钴、铋等13种矿产。

世界铝土矿资源丰富，储量巨大，探明储量达230亿吨。澳大利亚、几内亚、巴西、牙买加等国是世界铝土矿资源大国。世界现有储量的静态保证年限达216年以上。

铝土矿

除铝外，世界钴资源保证年限也较高，其储量为400万吨，静态保证年限为168年。此外，海底丰富的钴资源可以确保人类无缺钴之虑。

其他有色金属中，钼、钨、镍、锑的探明储量静态保证年限均在 50 ~ 60 年，铜、铅、锌、镁、汞、铋则显得有所不足，其静态保证年限一般在 30 年或 30 年以下。

贵金属和稀土，除金、银储量消耗过快外，铂族金属和稀土氧化物资源不足为虑。

非金属，包括硫、磷、硼、碱、萤石、重晶石、石墨、石膏、石棉、滑石、硅灰石、高岭土、硅藻土、金刚石等矿产。这些是世界上极为丰富的资源之一，其中除硫、金刚石，特别是金刚石资源严重不足，静态保证年限较低以外，其他都可以成为未来工业和人们生活可资依赖的矿产原料来源。

总的来看，世界矿产资源中期供需形势较为缓和，但资源短缺与人口增长及经济发展的需求之间的矛盾将继续存在，资源供需形势将出现周期性波动。

20 世纪 90 年代初期，世界矿产资源供需形势与 20 世纪 80 年代末期相比没有出现重大转机。由于全球性特别是在世界经济中占主导地位的工业化国家经济持续不景气，加之原苏联和东欧各国经济在转轨过程中大幅度下滑，全球经济进入了长达五六年的调整阶段。

由于工业化和经合组织国家经济结构改组、新技术革命导致基础原材料消耗降低以及节约、替代等原因，矿产原料的使用强度正在逐年减小。工业化和经合组织国家的矿产原料消费量增长缓慢，多数矿产品供过于求，导致生产能力过剩、矿产品积压、价格下跌——呈现全球性的矿业萧条。

地球是人类栖身之所，衣食之源。地球上的矿物已知有 3300 多种，并构成多样的矿产资源。人类目前使用的 95% 以上的能源、80% 以上的工业原材料和 70% 以上的农业生产资料都是来自矿产资源。

矿产资源一般分为金属矿产、非金属矿产、能源矿产等，有固体、液体、气体三种形态。

地球资源是有限和不可再生的，对矿产资源的过度掘取和不合理的开发利用，必将带来资源的枯竭和对地球生态环境的负面影响。合理有效地利用地球资源，维护人类的生存环境，已经成为当今世界所共同关注的问题。

矿产资源被誉为现代工业的“粮食”和“血液”，是人类社会发展的命脉。矿产资源不仅是人类社会赖以生存和发展的重要物质基础，更是全球经济的产业基础。

不仅在经济领域，矿产资源同样在政治领域显示着其重要的价值。纵观20世纪大大小小几百次战争，无论是两次世界大战，抑或是海湾战争，除了对领土的争夺外，各种矿产资源的占有权更是常常成为引发战争的导火索。而为了保证国家在非常时期的安全，世界上有许多国家很早就着手进行矿产资源的战略储备。

大量的统计资料表明，人类社会在不同的经济发展阶段，对矿产资源的消耗强度呈生命曲线。所以在观察矿产资源供需形势时，我们要掌握不同国家不同发展阶段的需求不同，大多数发展中国家在未来30～50年中，年轻矿产仍保持一定的需求增长，而新矿产则呈强劲增长趋势。

土地资源

土地是地球表面人类生活和生产活动的主要空间场所。土地资源则是指在一定生产力水平下能够利用并取得财富的土地。地球上能够被人类支配的土地大约为2010亿亩，其中耕地225亿亩，天然草地450亿亩，林地600亿亩，城市居民点、工矿交通用地及山脉、沙漠、沼泽等73.5亿亩。另有终年冰雪覆盖的土地225亿亩，这部分土地不能为人类所利用而不在土地资源之列。有人估计，人类的食物88%由耕地提供、10%由草地提供，这可以说明土地对人类是多么的重要。

非洲是世界上土地资源分布最广的地区，总面积为30.31亿公顷。其次是亚洲，土地资源总面积为27.54亿公顷。北美洲和中美洲、原苏联、南美洲、澳大利亚和大洋洲、欧洲的土地资源总面积分别为22.42亿公顷、22.40亿公顷、17.83亿公顷、8.51亿公顷和4.93亿公顷。

我国土地总面积为960万平方千米（144亿亩），占亚洲陆地面积的1/4，占世界陆地面积的1/15，仅次于俄罗斯和加拿大，居世界第三位，而与欧洲面积相当。144 亿亩土地中，29.95 亿亩（占 20.80%）是沙质荒漠、戈壁、寒漠、石骨裸露山地、永久性积雪和冰川；耕地只有 14.9 亿亩，占全部土地的 10.4%，且含各类低产地 5.4 亿亩。因此，人均耕地只有 1 亩多，而世界人均耕地面积为 5.5 亩。人均占有土地资源偏低使得中国人口与土地资源的矛盾十分突出。

而且，我国土地资源类型多样，山地明显多于平原，农业土地资源地区分布极不平衡，90%以上的耕地、林地和水域分布在东南部的湿润、半湿润地区，草地则集中在西北部干旱、半干旱地区；土地后备资源潜力不大，耕地后备资源不足。这些都是制约中国农业发展和粮食供给的不利因素。

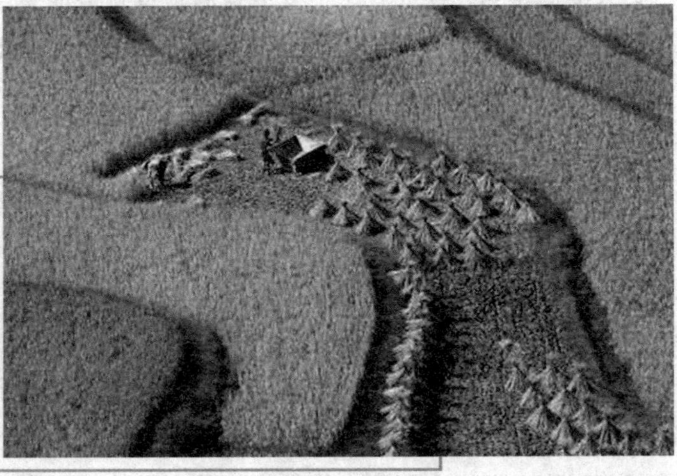

土地——我们赖以生存的家园

土地是人类祖祖辈辈生息繁衍之地，人类的一切活动都离不开土地。土地的过度开发以及人类其他活动的影响，使得土地资源面临有史以来最严峻的形势。水土流失已成为一个全球性问题，几乎没有得到任何有效遏制。世界耕地的表土流失量每年约为 240 亿吨，美国每年流失土壤 15 亿吨，印度 47 亿吨，中国约 50 亿吨。土壤过度流失的直接后果是土层变薄，土地的生产能力下降。

土地沙漠化的范围和强度不断扩大。从 19 世纪末到现在，荒漠和干旱区的土地面积由 11 亿公顷增加到 26 亿公顷。联合国估计每年有 2100 万公顷农田由于沙漠化而变得完全无用或近于无用的状态，每年损失的农牧业产量价值达260亿美元。不仅如此，全世界35%以上的土地面积正处在沙漠形成的直接威胁之下，其中以亚洲、非洲和南美洲尤为严重。目前虽然采取了一些积极措施，但土地沙漠化的问题仍十分严重。

全世界土地自然退化现象也极为严重。把土地退化区分为人工退化和自然退化是非常必要的。人工退化是指由于人口增加而导致的居民点扩大，工矿、交通用地增加而侵占了原来的耕地，另外一个重要方面是对粮食的需求促使土地改变用途，这种改变从本质上来说往往是不适宜的，结果导致了土地迅速退化。自然退化则是由于耕作期过长、过密，掠夺式经营，重用轻养，以及灌溉不当，使大片土地变成盐碱地或贫瘠地，自然退化不包括因水土流失、荒（沙）漠化而造成的那部分。土地自然退化每年至少使150万公顷的农田降低了生产力。

在许多发展中国家，耕地明显不足。目前，全世界人均耕地约0.28公顷，亚洲人均耕地只有0.15公顷，且全部可耕地的82%以上已投入耕作生产，更显得土地资源不足。

土地资源，特别是可耕地的急剧减少，直接影响到世界粮食生产。世界资源研究所指出，粮食下降从20世纪70年代始于非洲，20世纪80年代初这种下降扩展到了拉丁美洲，20世纪80年代后期又扩展到整个世界。进入20世纪90年代以后，由于农田和地球环境状况仍在恶化，产量仍在下降，粮价大幅度提高，发展中国家人均粮食配给水平持续下降，严重的营养不良使非自然死亡的人数达到了惊人的数字——第三世界每天就有成千上万个婴儿死于营养不良。如果土地资源短期内得不到根本性的改善，粮食储备日渐减少将成为定局。更为严重的是，在这种情况下人们对迅速重建粮食“库存”将毫无信心。粮食短缺将成为大部分发展中国家未来前景的一部分。

世界历史上的粮食生产增长大部分都是由于扩大耕地面积，包括重新使用闲置的耕地的结果，少部分则由于新技术如绿色革命带来的。时至今日，人们的选择余地越来越小了。对土地资源而言，更新和恢复业已退化的耕地——不管什么原因造成的土地退化——恐怕是唯一可行的办法。对于农业来说，当然还要包括农业革命在内。尽管要真正更新或者恢复已经退化的土地难度很大，但并非不可为。国际自然与自然资源保护联盟在20世纪80年代末提出了有关的方针。要求国际保护计划更注意退化土地的程度和情况，要求多国开发银行资助试验性重建计划，并要求生态学家更彻底地研究这一退化对生态系统的压力和干扰。1992年召开的巴西里约热内卢环境与发展大会对土地退化给予了高度重视，这次会议通过的《21世纪议程》，专门设置了第十章“统筹规划和管理陆地资源的方法”。

我国是世界上人口最多的国家，人均耕地面积只有世界人均的1/5，人多地少的矛盾比任何国家都突出。水土流失、森林赤字、土地沙化、水面减少等种种问题有增无减。全国水土流失面积达153万平方千米，每年流失泥沙50多亿吨，带走氮、磷、钾约4000多万吨，森林赤字近1亿立方米，草原退化面积7.7亿亩，土地沙漠化面积平均每年扩展1500平方千米，陆地河流湖泊面积日益缩小。1954年以来，长江中下游地区天然水面减少了约13000平方千米。江河平原新中国成立初有湖泊1066个、8000多平方千米，现只剩下326个、3000平方千米。中国科学院国情小组著名的预警报告《生存与发展》的研究成果表明，我国目前土地资源生产力——年生物生产量约32亿吨干物质，其合理的人口承载量为9.5亿，超载人口约1.3亿；到2000年土地资源生产力约35亿吨干物质，包括粮食3600亿千克，合理的人口承载量为11.6亿，超载人口约1.4亿。我国土地潜在的自然生产力——年生物生产量约为72.6亿吨干物质，按温饱标准计算，其理论的最大人口承载能力为15亿~16亿。在严格控制人口的条件下，2030年中国人口将达到或接近土地资源的承载极限。

森林草地资源

森林和草地作为陆地生态系统最复杂最重要的一部分，一方面它的绿色代表了地球上一切的象征，是自然界物质和能量交换的最重要的枢纽；另一方面，覆盖着地球表面约84%的森林和草地为人类提供了木材、肉食和牛奶等基本生活品。

地球上分布着多种基本类型的森林和林地。北半球主要是辽阔的常绿针叶林带和落叶阔叶林带；在热带纬度线以北，非洲、亚洲和拉丁美洲的北部干旱或半干旱地区，则分布着热带稀树草原林地；赤道两侧的低纬度高温高湿环境，分布着热带雨林。

曾经郁郁葱葱的原始森林

地球上的郁闭林约有 28 亿公顷，占地球陆地总面积的 21%。郁闭林的 43% 分布在热带，57% 分布于温带地区。郁闭林的 62% 是阔叶林，38% 为针叶林。发达国家拥有世界针叶林的 30% 以上，而 75% 的阔叶林分布在发展中国家。俄罗斯、巴西、加拿大、美国 4 国拥有全世界郁闭林总面积的 1/2 以上。相比之下，欧洲占的份额最小，仅拥有 1. 45 亿公顷。

对于草地，联合国粮农组织评估后认为，世界土地面积中约有一半可划为草地，约 67 亿公顷。亚洲、非洲所拥有的草地资源最多，分别为 12 亿公顷和 19 亿公顷，其次是北美洲、俄罗斯、南美洲和大洋洲，欧洲、中美洲最少。在我国，草地约占国土面积的 40%，即 4 亿公顷，这一数据为全国耕地面积的 4 倍。

草地为世界牧业生产提供了近 1/2 的面积（47%），但地域差异相当大。中国、蒙古国、印度尼西亚的畜牧生产几乎完全是集中的，许多南美洲国家则与此相反，阿根廷、乌拉圭和巴拉圭主要靠占其土地总面积 80%

的草地。

和其他自然资源一样，世界各国的森林和草地资源也在遭受不同程度的破坏。据联合国粮农组织统计，地球上每分钟有 20 公顷森林被毁掉。1950 年以来，全世界森林已损失了 1/2。预测到 2000 年森林面积将下降到 21 亿公顷，2020 年下降到 18 亿公顷，人均森林面积将由 1975 年的 0.68 公顷下降到 2000 年的 0.33 公顷，人均木材蓄积量将由 80 立方米下降到 40 立方米。

热带雨林

热带雨林是人们最为关心的。热带雨林覆盖了全球土地资源面积的 1/6（约 19.35 亿公顷）。它不仅孕育着数百万种动植物，还养育着生活在该区域的近 10 亿人口。然而，象征着巨大财富的热带雨林正以惊人的速度消失着。在过去的 30 多年中，由于大量的毁林开荒、砍伐林木，已有 40% 的热带雨林遭到破坏，对热带雨林的滥伐速度是每年 610 万公顷。如果按这一速度持续下去，现存的热带雨林只需 180 年就将全部被伐完。遗憾的是，现有的滥伐速度还将持续一个时期。

发展中国家森林破坏尤为严重，而这一地区的森林占了世界 1/2 以上的数量。发展中国家的森林状况很容易使人想起工业化国家发展初期那一幕，当时世界上 1/3 的温带林被砍伐一空。现在，大部分工业化国家的净毁林面积基本稳定下来，而美洲（南美和拉丁美洲）、亚洲和非洲地区的森林面积在以平均每年0.62%的速度减少。拉丁美洲2/3的森林已经消失。南美的巴西拥有世界上最大的幸存热带森林，但无论是亚马逊森林区还是该区以外的森林都在以每年110万~180万公顷的速度消失，其森林面积正从占全国总面积的80%减到40%。非洲仍在以年平均89.1万公顷的速度滥伐森林。非洲的尼日利亚曾是一个主要的热带原木出口国，但在多年过度采伐和毁林种地后，原木出口量急剧减少。亚洲每年砍伐掉的森林达850万公顷，印度森林面积减少了40%，泰国从木材出口国变为木材进口国。

水资源

长期以来，人们把空气作为不花成本的资源，水也是作为成本低廉的资源对待的，因为它数量巨大且易于获取。当人们面对泛滥的江河时，常为其巨大的水量而叹为观止，然而，江河中的全部淡水若是同浩瀚的海洋相比，仅及其1/1000000。地球是一个水量极其丰富的天体，海洋面积占地球总面积的71%，地球实际上应称为“水球”，而被称为水星的行星上却并没有水，迄今天文学的观察也尚未发现哪一个星球上有水，这又是地球的独特之处。

地球上水的总量是巨大的，达1.4×10^9立方千米，占地球质量的2/10000。如果地球是一个平滑的球而没有地形起伏，则地球表面就形成一个水深2744米的世界洋。即使世界人口达到100亿，每人平均占有的水量仍达0.14立方千米，即1.4亿立方米。但是，能供人类利用的水却不多，因为水圈中海水占97.3%，难以直接利用，淡水只占2.7%，约合38×10^6立方千米，仍然是一个极大的数字，相当于地中海容量的10倍。可惜，这些淡水的99%却难以直接被人类利用，因为：两极冰帽和大陆冰川中储存了淡水的86%，位处偏远，难以获取；浅层地下水储量约占淡水总量的12%，必须凿井方能提取。

最易利用的是江河湖沼中的水，占淡水总量的1%弱。然而，人类正是充分利用了这极小部分的水得以繁衍不绝，创造了灿烂的文化。古代人类

可贵的淡水资源

的文明大多与大河有关，例如黄河、尼罗河、恒河、底格里斯河和幼发拉底河等，都是人类文明的摇篮。

水属于可更新的自然资源，处在不断的循环之中：从海洋与陆地表面蒸发、蒸腾变成水蒸气，又冷凝为液态或固态水降落到海面和地面，落在陆地的部分汇流到河流和湖泊中，最后重新回归海洋，如此循环不已。

全球每年水分的总蒸发量与总降水量相等，均为 500×10^3 立方千米。全球海洋的总蒸量为 430×10^3 立方千米，海洋总降水量为 390×10^3 立方千米，两者的差值为 40×10^3 立方千米，它以水蒸气的形式移向陆地。陆地上的降水量（110×10^3 立方千米）比蒸发量（70×10^3 立方千米）多 40×10^3 立方千米，它有一部分渗入地下补给地下水，一部分暂存于湖泊中，一部分被植物所吸收，多余部分最后以河川径流的形式回归海洋，从而完成了海陆之间的水量平衡。

这 4 万立方千米的水还不能被人类全部利用，其中大部分（约 28×10^3 立方千米）为洪水径流，迅速宣泄入海。其余 12×10^3 立方千米中，又有 5×10^3 立方千米流经无人居住或人烟稀少的地区，如寒带苔原地区、沼泽地区和像亚马逊那样的热带雨林地区等。余下可供人类利用的仅为每年 7000 立方千米。21 世纪以来各国修筑了许多水库，控制了部分洪水径流。

全世界水库的总库容约为 2000 立方千米，使可供人类使用的水量达到每年 9000 立方千米，这就是人类能有效地利用的水资源。

人类对水的需求分生产需用和生活需用两方面。根据各国的经验，对于用水量可以作如下的推算：

1. 生活用水：为了维持起码的生活质量，生活用水标准为每人每年 30 立方米。北京城区的生活用水量略高于此数，为 50 立方米。发达国家的生活用水量更高，如美国达 180 立方米。而一些经济欠发达的缺水国生活用水量远低于起码的水平，如非洲马尔加什共和国西南部居民每人每年仅靠 2 立方米水维持生活，仅仅超过生物学需水量的最低值，而且他们还必须为这 2 立方米质量低劣的水支付 40 美元的水费。

2. 工业用水：非高度工业化国家的标准为每人每年 20 立方米。

3. 农业用水：为维持每日 10462 焦耳（2500 卡）热量的食物每人每年需水 300 立方米，每日 12555 焦耳（3000 卡）热量食物则需水 400 立方米。

以上 3 项合计，每人每年的需水量为 350 ~ 450 立方米，以维持中等发达以下的生活水平。由此推算，每年 9000 立方千米的总水量可以供养 200 亿 ~250 亿人口，如果水分能够及时地和持续地供应到需水的地方的话。但是，地球上水分的分配无论在时间上和空间上都极不均衡，而且人口的分布也很不均匀。因此，实际上能够供养的人口将远低于此理论值。另有专家提出一个经验参数：如果依赖一个流量单位（即每年 1 百万立方米）的人数超过 2000 人时，这个国家或地区就会出现缺水问题。按这个参数计算，则现有淡水量可供 180 亿人之需。

从世界范围来看，需水量最大、对供水量至为敏感的部门乃是农业，占用水总量的 2/3 以上，因此，发展节水农业是节约水资源的有效途径。各国农业用水所占比例差异很大，与各国工农业发展情况和农业在国民经济中所占比重有关。像印度和墨西哥等农业国农业用水所占比重很大，达 90% 以上。与此相对照的是英国和联邦德国，农业用水很少，这不仅是由于其工业发达，相对耗水较多，更重要的是这些国家雨水充沛调匀，农业可以旱作而很少灌溉，灌溉技术也较先进，因此农业耗水较少。工业国中日本的情况比较特殊，其农业用水量约占 70%，原因是大规模种植耗水量巨大的水稻。美国工农业用水所占比例相当，因为它也是农业大国，但 20 世纪 60 年代以来，工业用水量开始超过农业，其主要原因是随着用电量的剧增，电厂冷却用水量亦迅速增加。

干涸的土地

我们知道，虽然全球的有效淡水量不及总水量的 1%，然而，仍可以满足约 200 亿人口低水平的需要。不过由于人口的分布和降水的时空分布都极不均匀，使不少国家和地区不时遇到缺水的困难。

供水紧缺往往造成一系列的经济、社会和生态问题。世界上的缺水区常常又是人口增长和城市化均较迅速的地区，缺水对农业的冲击最大，因为农业常是这类地区用水量最大的部门，而且又常是经济效益较低的部门，因此当某一地区的用水量接近其自然极限时，常常是农业部门首先失去充分供水的保证。例如，在我国北方缺水地区，每立方米淡水用于工业所取得的经济效益 60 倍于农业，计划部门在分配用水时必须考虑这个因素。在美国，更是奉行效益优先的信条，当农民把用水权卖给缺水的城市获利多于种植棉花、小麦和牧草时，他们将毫不犹豫地卖水而弃耕。美国有些地区用水权的价格很高，盐湖城每英亩英尺（英美常用体积单位，合 1.233 立方米）用水权为 200 美元，而在迅速城市化的科罗拉多州弗兰特岭地区则高达 3000～6000 美元，任何农业收入都无法与这样的高价竞争。

但是，在过分地考虑用水的经济效益时，却往往忽视了水的生态学功能。在充分保证生活与工农业生产用水的同时，没有考虑给河流留下必要的水，以保护那里的鱼类和野生动物，更没有顾及河流的娱乐与美学功能。我国华北一些河流水的利用率很高，例如海河、滦河流域在干旱的1983年入海水量仅为3亿立方米，为当年径流量的2.6%，该年河水的利用率已达97.4%。黄河下游有些枯水年也出现断流。这种情况对河流生态系统无疑都产生毁灭性的后果。

气候资源

人们对气候的通常理解可能仅限于它是生物得以生存繁衍的基本条件，然而，气候还对人类的生活和生产活动有着极为广泛而深刻的影响，是一项十分重要、不可缺少的自然资源。气候作为资源主要表现在光、热、水和气候能源等几个方面。

自然界的光合作用极其普遍，植物的干物质产量就有90%～95%来源于光合作用，说明光资源是植物生长的重要物质条件。太阳辐射的总功率为3.83×10^{28}焦/秒。地球所截获的阳光能流为每年相当于178万亿吨标准煤发热量，其中19%被大气吸收，30%被反射回太空，51%进入地球。进入地球的太阳辐射约70%被吸收，大约为83万亿吨标准煤的发热量，其中约有100亿吨标准煤的热量通过光合作用变成生物质能，贮存在生物中的能量约有1%被人类和动物作为食物消耗，成为维持一切生命的能量源泉。

光电能是世界上大部分地区取之不尽的廉价电能。安装和维护技术比较简单的光电能源系统更适合于广大的农村地区。目前发展中国家利用光电系统产生的电能至少占全球光电发电容量的50%。这些供电系统通常用于抽水、供水和灌溉，提供照明，为乡村提供电力以及为边远地区的信号发送装置和远距离通信提供电力。考虑到全球还有200万个以上农村缺乏电源，因而人类利用光电的潜力是巨大的。

除发展中国家以外，光电系统还为全球约15000户家庭以及世界许多工业部门和组织机构提供电力。在美国和德国，已经有几个中等规模的样板光电电厂在提供商品电力。这预示着光电系统提供的电力将通过公共电网为越来越多的地区和人口提供洁净的能源。

光能源

当然，光除了可以作为资源的一面以外，还会造成另外一种危害——光污染，可见光、红外线和紫外线污染是常见的3种形式。光污染对于地球上的人类和其他生物是致命的威胁，高空大气中的臭氧层减薄或出现空洞将使地球失去抵挡光污染的安全屏障。

热量对于农作物的存活与生长至关重要，日平均气温的高低对农业生产有着决定性的影响。

大气降水是淡水资源的最重要的来源。全球每年落在大陆上的降水达11万立方千米，其中的65%通过地面蒸发逸散最终回到大气层，其余部分补给地下水、河流和湖泊。人类可利用的淡水资源就依靠这其余部分。全球很多地区缺乏淡水资源，换句话说，大气降水较少，或者蒸散量太大。如果大气降水每年增加10%，可能会大大缓解某些地区的缺水状况，而这只需要将全球大气表面温度平均增加0.5℃。温度升高将导致增加海洋蒸发，这大概是全球性气温升高所带来的积极影响。然而全球增温的负面影响要比这大得多，世界各国正在为可能出现的全球增温采取对策。因此，指望全球增温来增加大气降水是不可取的，也是不现实的。

不同于常规能源的气候能源——太阳能和风能，是“取之不尽、用之不竭”的永久性能源，这种能源还以其洁净、不污染环境而受到人们的青睐，21世纪的能源非它莫属。

太阳每年辐射到地球表面的能量相当于人类年需要能量总和的5000倍。太阳热收集器在全世界从热水到发电得到了广泛应用。以能源消费世界头号大国的美国来说，它每年可获得的入射太阳能是实际能源消费量的10倍多。随着太阳能技术的不断改进，预计今后10年内它的成本将迅速降低，比经济上可以承受的水平甚至还低，这将促使美国改变现有的能源结构。为此，美国科学家预测，太阳能在2030年可提供相当于50%左右的美国目前的能源消费量。简单地说，除去能量转换成本，太阳能——阳光，是一种不花钱的能源，因此对于广大的发展中国家来说，这是一种最廉价的电源。进一步说，太阳能取之不尽，除了地球上一些极端地区，阳光普照是没有问题的，这就避免了矿物燃料分布不均和分配不均的矛盾，大多数国家可以因此而免遭世界石油市场破坏性油价波动的影响。

风能实际上是太阳能的另一种形式。地球上近地层风能总储量约1.3×10^{12}千瓦，估计全球风力资源潜力可达65万亿千瓦小时/年。风力发电是从地球大气太阳温差获得能量的。风力发电的成本稳步下降——从20世纪80年代初期的30美分/千瓦小时降至目前的8美分/千瓦小时，预计20世纪90年代末已降至5美分/千瓦小时——使得这一能源越来越受到欢迎。

人类利用风能发电的主要原因：

1. 发展新能源是各国的共识，这点毋庸置疑，跟化石能源相比新能源有诸多优势。

2. 新能源资源中，尤其以风能资源最为丰富，且分布广泛，几乎所有国家都有。而太阳能、水利、生物质和地热等的开发潜力较风能小，且资源分布不够均衡，可能只适用于某些特定国家。

3. 从开发的技术可靠性来看，风能和水能都属成熟阶段，其他能源的技术尚不够。核能技术成熟，但危机处理能力天然欠缺，一旦出事成本极为高昂。故除法国外，欧洲国家慎重发展核能，德国甚至放弃。

风能利用

4. 从开发的成本看，水能、核能、煤、天然气、风能、太阳能等成本不定（根据具体产品不同）所以风能目前虽高于化石燃料，但却是相对便宜的选择。

5. 风能发电的自身优势：虽然一次性投入大，但 20 年内不耗费任何燃料，低维护费，算下来其实并不贵；占地灵活，适应多种地形，甚至高山峡谷，尤其在海上，不影响陆地居民；风机设备实为大型机械设备，属传统制造行业，技术成熟可靠，制造环节对环境损害小。

生物资源

生物群落

说到生物资源就要谈到生物群落。

生物群落是生态学研究对象中的一个高级层次，具有个体和种群所不能包括的特征和规律，是一个生态系统中具有生命的部分，正是生物群落在地貌类型繁多的地球表面上有规律的分布，才使地球充满生机。也正是生物群落构成了生物资源。

生物群落是指在特定的时间、空间或生境下，具有一定的生物种类组成、外貌结构（包括形态结构和营养结构），各种生物之间、生物与环境之间彼此影响、相互作用，并具特定功能的生物集合体。也可以说，一个生态系统中具有生命的部分，即生物群落，它包括植物、动物、微生物等各个物种的种群。

生态学家很早就注意到，组成群落的物种并不是杂乱无章的，而是具有一定的规律的。早在1807年，德国地理学家A. Humboldt首先注意到自然界植物的分布是遵循一定的规律而集合成群落的。1890年丹麦植物学家E. Warming在其经典著作《植物生态学》中指出，形成群落的种对环境有大致相同的要求，或一个种依赖于另一个种而生存，有时甚至后者供给前者最适之所需，似乎在这些种之间有一种共生现象占优势。另一方面，动物学家也注意到不同动物种群的群聚现象。1877年，德国生物学家K. Mobius在研究牡蛎种群时，注意到牡蛎只出现在一定的盐度、温度、光照等条件下，而且总与一定组成的其他动物（鱼类、甲壳类、棘皮动物）生长在一起，形成比较稳定的有机整体。Mobius称这一有机整体为生物群落。

生物群落中的物种之间、生物与它们所处的环境之间存在着相互作用和影响。生物群落是一个经过生境选择的功能单位，作为一种能够自我调节和自我更新的作用机构，它们处在为了空间、养分、水分和能量而竞争的动态平衡之中，每种成分都作用于所有其他成分，并以生境、产量以及一切生命现象在外观与色彩和时间进程方面的协调一致为特征。

从上述定义中可知，一个生物群落具有下列基本特征：

1. 具有一定的物种组成。每个群落都是由一定的植物、动物或微生物种群组成的。因此，物种组成是区别不同群落的首要特征。一个群落中物种的多少及每一物种的个体数量，是度量群落多样性的基础。

2. 不同物种之间的相互作用。生物群落是不同生物物种的集合体，但不是说一些种的任意组合便是一个群落。一个群落的形成和发展必须经过生物对环境的适应和生物种群之间的相互适应。哪些物种能组合在一起构成群落，取决于两个条件：①必须共同适应它们所处的无机环境；②它们内部的相互关系必须协调、平衡。因此，研究群落中不同物种之间的关系是阐明群落形成机制的重要内容。

3. 具有形成群落环境的功能。生物群落对其居住环境产生重大影响，并形成群落环境。如森林中的环境与周围裸地就有很大的不同，包括光照、温度、湿度与土壤等都经过了生物群落的改造。即使生物散布非常稀疏的荒漠群落，对土壤等环境条件也有明显的改造作用。

4. 具有一定的外貌和结构。生物群落是生态系统的一个结构单位，它本身除具有一定的物种组成外，还具有外貌和一系列的结构特点，包括形态结构、生态结构与营养结构。如生活型组成、种的分布格局、成层性、季相、捕食者和被捕食者的关系等，但其结构常常是松散的，不像一个有机体结构那样清晰，故有人称之为松散结构。

5. 具有一定的动态特征。群落的组成部分是具有生命特征的种群，群落不是静止地存在，物种不断地消失和被取代，群落的面貌也不断地发生着变化。由于环境因素的影响，群落时刻发生着动态的变化。其运动形式包括季节动态、年际动态、演替与演化。

6. 具有一定的分布范围。由于其组成群落的物种不同，其所适应的环境因子也不同，所以特定的群落分布在特定地段或特定生境上，不同群落的生境和分布范围不同。从各种角度看，如全球尺度或者区域的尺度，不同生物群落都是按照一定的规律分布的。

7. 具有特定的群落边界特征。在自然条件下，有些群落具有明显的边界，可以清楚地加以区分；有的则不具有明显边界，而呈连续变化中。前者见于环境梯度变化较陡，或者环境梯度突然变化的情况，而后者见于环境梯度连续变化的情形。

物种组成

群落的物种组成是决定群落性质最重要的因素，也是鉴别不同群落类型的基本特征。群落学研究一般都从分析物种组成开始，以了解群落是由哪些物种构成的，它们在群落中的地位与作用如何。不同的群落有着不同的物种组成，以我国亚热带常绿阔叶林为例，群落乔木层的优势种类总是由壳斗科、樟科和山茶科植物构成，在下层则由杜鹃花科、山茶科、冬青科等植物构成。又比如，分布在高山的植物群落，主要由虎耳草科、石竹科、龙胆科、十字花科、景天科的某些属中的种类构成；村庄、农舍周围的群落多半由藜科、苋科、菊科、荨麻科等组成。

构成群落的各个物种对群落的贡献是有差别的，通常根据各个物种在群落中的作用来划分群落成员型。

1. 优势种与建群种。对群落的结构和群落环境的形成起主要作用的种称为优势种，它们通常是那些个体数量多、盖度大、生物量高、生命力强的种，即优势度较大的种。群落不同的层次可以有各自的优势种，其中，优势层的优势种称为建群种。比如森林群落中，乔木层、灌木层、草本层常有各层的优势种，而乔木层的优势种即为建群种。建群种对群落环境的形成起主要的作用。在热带、亚热带森林群落中，各层的优势种往往有多个。

2. 亚优势种。指个体数量与作用都次于优势种，但在决定群落性质和控制群落环境方面仍起着一定作用的植物种。在复层群落中，它通常居于较低的亚层，如南亚热带雨林中的红鳞蒲桃和大针茅草原中的小半灌木冷蒿，在有些情况下成为亚优势种。

3. 伴生种。伴生种为群落的常见物种，它与优势种相伴存在，但不起主要作用，如马尾松林中的乌饭树、米饭花等。

4. 偶见种或罕见种。偶见种是那些在群落中出现频率很低的物种，多半数量稀少，如常绿阔叶林中区域分布的钟萼木或南亚热带雨林中分布的观光木，这些物种随着生境的缩小濒临灭绝，应加强保护。偶见种也可能偶然地由人们带入或随着某种条件的改变而侵入群落中，也可能是衰退的残遗种，如某些阔叶林中的马尾松。有些偶见种的出现具有生态指示意义，有的还可以作为地方性特征种来看待。

环境污染现状及分析

环境污染是指有害物质或因子进入环境，并在环境中扩散、迁移、转化，使环境系统结构和功能发生变化，对人类和其他生物的正常生存和发展产生不利影响的现象。其中引起环境污染的物质或因子称为环境污染物，造成环境污染的污染物发生源称为环境污染源。在通常情况下，环境污染主要是指人类活动引起的环境质量下降而有害于人类及其他生物的正常生存和发展的现象。在实际的环境管理工作中，通常以环境质量标准为尺度，来评定环境是否发生污染以及受污染的程度。

环境污染按照受污染的环境系统可以分为大气污染、土壤污染和水污染；按照污染产生的原因可以分为生活污染和生产污染，生产污染又可以分为工业污染、农业污染、交通污染；按照污染物的形态可以分为废气污染、废水污染、固体废物污染、噪声污染和辐射污染；按照污染物的性质可以分为物理污染、化学污染和生物污染；按照污染影响的范围可以分为全球性污染、区域性污染和局部性污染。

人类是环境的产物，又是环境的改造者。人类在同自然界的长期斗争中，通过劳动，不断地改造自然，创造新的生存条件。然而，由于人类自身认识能力和科学技术水平的限制，在改造自然的过程中，往往会产生当时意料不到的后果而造成对环境的破坏。在古代农业文明时期，就已出现了环境问题，我国西北的黄土高原，在西周时期森林面积有 32×10^{6} 公顷，森林覆盖率达53%，古籍上形容为“翠柏烟峰，清泉灌顶”，“山林葱密，取木甚易”。但是由于在西汉末年和东汉时期进行了大规模开垦，滥伐森林，水源得不到涵养，致使水土流失严重，造成沟壑纵横，水、旱灾害频繁，土地日益贫瘠。

环境问题是制约经济发展、影响人类生活的全球性严重问题，主要表现在以下几个方面。

温室效应导致全球变暖

随着城市的出现和工业的发展，大幅度地提高了生产力，增强了人类利用和改造环境的能力，丰富了人类的物质生活，但也带来了新的环境问题。特别是工业革命以后，煤和石油等能源的大量使用，以大气污染为主的环境问题不断发生。世界上的江河、湖泊和水库大都受到不同程度的污染。大量废水排入江河，农田流失的肥料和农药污染河流和湖泊，大气污染物随降水形成酸雨导致湖泊酸化，地面倾倒有毒废物严重污染了地下水和地表水。全球环境监测系统水质监测项目表明，全球大约有10%的监测河流受到污染，生化需氧量值超过6.5毫克/升；水体受营养元素的污染形成水域富营养化，污染河流含磷量均值为未受污染河流平均值的2.5倍。大

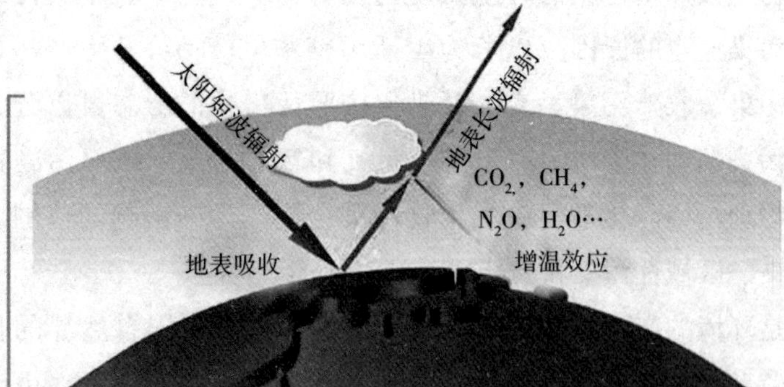

温室效应的增温示意图

气污染物通过各种形式的酸沉降导致土壤酸化，污水灌溉造成土壤污染物增加，生活垃圾、各种废渣的堆放和淋溶，使土壤污染也日益加剧。进入大气、水体和土壤中的污染物，通过各种途径，可能被植物吸收，再通过

食物链传递浓缩，并最终进入人体，危害人类健康。此外，噪声污染、热污染、光污染、辐射污染都严重地危害着人类的身心健康。

自地球形成以来，地球气候始终处于变化之中，但这种变化的周期相当长，短时期内变化幅度很小，这种气候的稳定性，有利于生物圈内生物的生存和繁衍。但20世纪以来，阿尔卑斯山积雪融化，南极冰川减少，大洋海水升温，全球冬天变短，无一不被有关专家视作气候变暖的征兆。观测数据表明，自19世纪以来，全球平均气温升高了0.3~0.6℃，近20年来温度升高幅度更大。

专家分析，全球气候变暖主要是温室效应引起的，大气层和地表就好比一个巨大的“玻璃温室”，使地表和大气维持一定的温度，产生适合人类和其他生物生存的环境。在这一系统中，白天太阳辐射通过照射地表，地表长波辐射使大气升温，晚上散热降低温度，长期以来已经形成了一种稳定的平衡，使地球能维持相对稳定的温度。但是，工业革命以来，工农业生产的发展，大量化石能源被开采用作工业生产、交通运输和居民生活，导致大气中的CO_2浓度上升，加剧了温室效应，打破了原有的平衡，使地球接收来自太阳的热多于地球散放到太空的热量，从而导致全球气候变暖。

温室效应——冰山融化

CO_2、NO、CH_4、CCl_2F_2 和 O_3 都是潜在的温室气体。目前，大气中 CO_2 浓度比工业革命前的浓度高 25%，而且由于人为排放，每年约以 0.5% 速度递增。过去 100 年内，全球平均气温上升了 0.3～0.6℃。据世界气象组织的最新报告预测，今后 100 年内全球平均气温将升高 1.4～5.8℃。

全球气候变暖可能带来一些意想不到的灾难：

1. 海平面上升。全球气候变暖一方面使海洋上层水温升高造成体积膨胀，同时气温升高加速高山和南北两极的冰川融化，从而导致海平面上升。据估计，到 2030 年全球海平面上升约 20 厘米，21 世纪末将上升 65 厘米，严重威胁到低洼的岛屿和沿海地带。联合国专家小组电脑模拟试验得出结论，2050 年后全球海平面升高 30～50 厘米，世界海岸线的 70% 将被海水淹没，东京、大坂、曼谷、威尼斯、彼德堡和上海等许多沿海城市将完全或局部被淹没，海水倒灌还将造成耕地被淹。地下水受海水的侵入而盐化，河流河口处淡水、海水混合区将向上游延伸，影响水生生态系统。

2. 气候带发生变化。全球气温升高将使温带界线向高纬度地区扩展，生物将因难以适应如此快速的温度变化而加速物种灭绝，破坏生态平衡。气候变暖使水分蒸发加快，雨量分布也随之发生变化，其结果是低纬度地区雨量增加导致洪涝成灾，某些干旱地区可能因季风影响而增加降水，但大部分中纬度干旱地区将更加干旱，从而导致农业减产。

3. 传染病流行。近年来全球范围内的流行性疾病增加，也与气温升高有关。在温暖条件下，不但细菌、霉菌生长迅速，而且蚊、蝇等昆虫媒介存活时间长，繁殖力增强，扩大了生存空间，从而使传染性疾病随全球气温升高而加剧。

我国地域作为全球环境的一个区域，近百年来的气候变化，就地表大气温度的变化趋势而言，与北半球一样，同样存在着变暖的趋势，但远不如北半球变温的幅度显著，同时还具有明显的区域气候变化的特征。造成这种区域气候变化的原因，尚需进一步进行论证。

从国家气候变化协调组第二工作组专为 1990 年 5 月末的 IPCC（政府间气候变化专业委员会）第二工作组第三次全体会议所准备的报告来看，人类活动引起的气候变暖对我国的环境影响有以下 5 个方面：

1. 对农业影响，既有正效应（增产），也有负效应（减产）。气候变化对农业影响的综合效应，将使我国农业生产能力下降至少5%。

2. 对我国水资源的影响非常严重。根据多种模型（气候和水文）计算的结果：由降水量、经流量、蒸发量形成的水资源增加或减少的地区差别很大。尤其是北方干旱及半干旱地区，水资源对气候变化最敏感。因此变干的可能性最大。

3. 海平面上升将对我国造成很大的损失。根据GCM（大气环流模式）并按照2×CO_2的条件，预测2030年海面上升20厘米左右，我国东南沿海现有的盐场和海水养殖场将基本被淹没或破坏。

4. 对有些树种生长带来不利影响，生长分布区域发生变化，产量将严重下降。

5. 将使永冻土融化消失，并发生大面积的热融下沉与斜坡热融坍塌，造成已经开发建成的广大区域的冻土公路，铁路及民用建筑的破坏。

气候变化对社会的影响还难以估量，有许多问题还难以预测，但总的结果是令人忧虑的。

臭氧层破坏

我国古代有“女娲补天”的神话故事。现在科学家考察发现，在北美、欧洲、新西兰上空，保护地球的臭氧层正在变薄，南极上空的臭氧层已经出现了一个“空洞”，科学家真的要“补天”了。

臭氧（O_3）是大气中的微量元素，是一种具有微腥臭、浅蓝色的气体，主要密集在离地面20~25千米的平流层内，科学家称之为臭氧层。臭氧层好比是地球的“保护伞”，阻挡了太阳99%的紫外线辐射，保护地球上的生灵万物。

臭氧层浓度每减少1%，太阳紫外线辐射会增加2%，皮肤癌就会增加7%，白内障增加0.6%。现在全世界每年死于皮肤癌症的有十几万人，患白内障的病人更多。紫外线辐射还能破坏植物光合作用和授粉能力，最终降低农业产量。据试验，如臭氧减少25%，大豆将减产20%~25%。紫外线的增强对地球上所有的生物都具有杀伤力，影响生物的生长发育。紫外线可穿透

10 米深的水层，杀死水中浮游生物，降低水域生产力；扰乱昆虫交配，并使地球上 2/3 的农作物减产，从而加重粮食危机。臭氧层减少以及南极上空出现“空洞”的主要原因有两个：一是自然因素。太阳黑子爆炸时发出许多带电质子，轰击地球上层大气，对臭氧有破坏作用；另外南极上空的上升气流把臭氧含量较高的中层大气输送到上层，从而降低了那里的含量。二是人为因素。人类在使用冷冻剂、消毒剂、起泡剂和灭火剂等化学制品时，向大气中排放的氯氟烃、溴等气体在紫外线照射下会放出氯原子，氯原子夺去臭氧中一个氧原子，使臭氧变成纯氧，从而使臭氧层遭到破坏。

近年来，全世界科学家都在呼吁：拯救臭氧层，禁止使用氯氟烃。1987 年 9 月，24 个国家在加拿大蒙特利尔签订了《蒙特利尔控制可破坏臭氧层物品协定》，规定到 20 世纪末，将氯氟烃的使用量减少到 1986 年水平的 50%。科学家指出，即使现在立即禁止使用氯氟烃，已经减少的臭氧层也要很长时间才能弥补过来。

1995 年，联合国大会决定把每年的 9 月 16 日作为国际保护臭氧层日，要求《蒙特利尔议定书》所有缔约方采取具体行动纪念这个日子。到 2007 年 9 月，已有 191 个国家签署了这一议定书。我国在 1991 年成为议定书缔约方。

通过议定书各缔约方的共同努力，全球已成功地削减了 95% 的消耗臭氧层物质。根据 2007 年 9 月议定书第 19 次缔约方大会达成的协议，主要消耗臭氧层物质将于 2030 年前在全球范围内彻底停止生产和使用，这比原计划提前了 10 年。

1999 年国际保护臭氧层日的主题是“保护天空，保护臭氧层”，2000 年的主题是“拯救我们的天空：保护你自己；保护臭氧层”，2004 年的主题是“拯救蓝天，保护臭氧层：善待我们共同拥有的星球”，2006 年的主题是“保护臭氧层，拯救地球生命”，2007 年国际保护臭氧层日的主题为“2007，颂扬卓有成效的 20 年”，2008 年的主题为“《蒙特利尔议定书》——国际合作保护全球利益”，2016 年国际臭氧层保护日主题是“世界联合恢复臭氧层与气候”。

海洋环境恶化

全球约有 30 多亿人住在沿海地带或离海岸约 100 千米的范围内。人类在陆地活动中产生的大多数废水和固体废物都排入海洋。大量垃圾、塑料渔具、石油泄漏等，直接造成海洋污染。人类活动破坏了沿海地区的生态系统，如沼泽地、红树林和珊瑚礁。沿海湿地急剧减少，过量捕捞和水质恶化使海洋生物资源迅速减少。

被污染的海域

土地退化和沙漠化

全球土地面积的 15% 已因人类的活动而遭到不同程度的退化。土地退化中，水侵蚀占 55. 7%，风蚀占 28%，化学现象（盐化、酸化、污染）占 12. 1%，物理现象（水涝、沉陷）占 4. 2%。土壤侵蚀年平均速度为每公顷 0. 5 ~2 吨。1988 年全世界耕地总面积约 46. 87 亿公顷，其中 12. 3 亿公顷已经退化。由于过度侵蚀，全世界每年流失有生产力的表土 254 亿吨。全球每年损失耕地 150 万公顷，70% 的农用干旱地和半干旱地已沙漠化，最为严重的是北美洲、非洲、南美洲和亚洲。土地退化和沙漠化使区域和全球的粮食生产潜力大大减少。在过去的 20 多年中，由于土地退化和沙漠化，使全世界饥饿的难民由 4.6 亿增加到 5.5 亿人。

联合国在 1994 年签署的防治荒漠化公约中，把荒漠化定义为气候变化和人为活动导致的干旱、半干旱和偏干亚湿润地区的土地退化，主要表现为农田、草原、森林的生物或经济生产力和多样性的下降或丧失，包括土壤物质的流失和理化性状的变劣，以及自然植被的长期丧失。

我国是世界上土地退化和沙漠化最严重的国家之一。截至 2014 年，全国荒漠化土地面积 261.16 万平方千米，占国土面积的 27.2%；沙化土地面积 172.12 万平方千米，占国土面积的 17.93%；有明显沙化趋势的土地面积 30.03 万平方千米，占国土面积的 3.12%。与 2009 年第四次监测结果相比有所好转，呈现整体遏制、持续缩减的良好态势。

土地沙漠化

土地退化和沙漠化是自然因素和人为因素综合作用的结果。气候干旱是形成荒漠化的必要因素，但仅仅由于气候变异的影响，形成荒漠化的过程是缓慢的。而人类活动却大大加速了荒漠化的进程，如在干旱土地上盲目垦荒、过度放牧、过度砍伐森林、水资源的不合理利用等。人口的迅速增长，也导致土地荒漠化日趋严重。因为为满足需要，就迫使人们过度垦荒、滥伐林木，而这又导致土地荒漠化的进一步严重，形成了恶性循环。

草原退化是荒漠化的主要表现形式之一。可以认为，由于人为活动或不利自然因素所引起的草地（包括植物和土壤）质量衰退，生产力、经济潜力及服务功能降低，环境变劣以及生物多样性或复杂程度降低，恢复功能减弱或丧失恢复功能，即称之为草地退化。

我国草地面积392.8万平方千米，约占国土总面积的41%，为现有农田的4倍左右。在20世纪90年代初期，退化面积约为51%，到20世纪90年代末，北方草原的退化面积发展到约62%。其中，典型草原退化比例约为70%，并以中度和重度退化为主，集中在内蒙古的呼伦贝尔、锡林浩特、科尔沁、浑善达克等草原区；西北荒漠地区草原退化比例约为80%，以重度退化为主；东北草甸草原的退化比例约为45%，以轻度退化为主；青藏高原高寒类草原、草甸和荒漠区均出现了严重的草原退化现象。这大大加剧了沙尘暴等自然灾害的发生，生态系统遭到严重破坏，对国家的生态安全构成了严重的威胁。

草原退化

导致草原退化的因素是多种多样的，自然因素中如长期干旱、风蚀、水蚀、沙尘暴、鼠虫害等；人为因素中如过牧、滥垦、樵采、开矿等。多数学者认为，过度地利用强度及不合理的资源利用方式是导致草地退化的主要原因。

此外，由于气候的变化，干旱少雨、风蚀风化严重等自然因素也是造成草场沙化的不可忽视的原因。

沙漠化是干旱、半干旱和部分半湿润地带在干旱多风和疏松沙质地表条件下，由于对土地的过度利用等因素，破坏了脆弱的生态环境，使原来并非沙质荒漠的地区出现了以风沙活动为主要标志的土地退化过程。

沙漠化导致地表逐渐被沙丘侵占，造成土地生物产量的急剧降低，土地滋生潜力的衰退和可利用土地资源的丧失，然而它也存在着逆转和自我恢复的可能。这种可能性程度的大小及其时间进程的长短，则因不同自然条件（特别是水分条件）、沙漠化土地本身地表景观的复杂程度及人为活动的大小而有不同。随着土地沙漠化的加速发展，突然性风沙灾害——强沙尘暴的发生频率越来越高。

森林砍伐

森林是大自然的保护神。它的一个重要功能是涵养水源、保持水土。

在下雨时节，森林可以通过林冠和地面的残枝落叶等物截住雨滴，减轻雨滴对地面的冲击，增加雨水渗入土地的速度和土壤涵养水分的能力，减小降雨形成的地表径流；林木盘根错节的根系又能保护土壤，减少雨水对土壤的冲刷。如果土壤没有了森林的保护，便失去了涵养水分的能力，大雨一来，浊流滚滚，人们花几千年时间开垦的一层薄薄的土壤，被雨水冲刷殆尽。这些泥沙流入江河，进而淤塞水库，使其失去蓄水能力。森林涵养水源，降雨量的70%要渗流到地下，如果没有森林，就会出现雨洪水泛滥，或无雨干旱成灾的状况。

目前全世界森林面积共30多亿公顷，2010年世界木林总消费量达46亿立方米。在世界范围内，自然灾害如干旱、霜、暴风雨及病虫害、森林

满目疮痍的滥砍滥伐

火灾、大气污染对森林造成重大危害，人为乱砍滥伐，致使森林面积锐减。森林减少导致土壤流失、水灾频繁、全球变暖、物种消失等。

物种消失

据估计，地球上的物种约有 5000 万种。由于环境的丧失、对资源的过分开发、环境污染和引进外来物种等原因，地球上的物种正在不断消失。世界自然保护联盟公布的“2004 年濒危物种红色名单”显示，目前全球 1.5 万个物种，包括脊椎、无脊椎动物以及植物和真菌正在消失。另据报道，由于气候变暖等原因，陆地上现有物种的 1/4 在最近 50 年内将不复存在。

地球历史上曾经出现过 5 次生物物种大灭绝事件。第一次发生在大约 5 亿年前的寒武纪末期，大约 50% 的动物物种灭绝；第二次发生在大约 3.5 亿年前的泥盆纪末期，大约 30% 的动物科灭绝；第三次发生在大约 2.3 亿年前的二叠纪末期，大约 40% 的动物科灭绝，95% 以上的海洋物种灭绝；第四次发生在 1.85 亿年前的三叠纪末期，大约 35% 的动物灭绝，其中包括许多菊石，80% 的爬行动物也灭绝了；第五次发生在大约 6500 万年前的白垩纪末期，许多海洋物种灭绝了，而且统治地球2亿年的恐龙全部灭绝。

灭绝的白鳍豚

关于地球历史上5次生物物种灭绝的原因，科学界有几种观点，概括起来主要是天文灾害、地质灾害、气候灾害3个学说，这3个学说的共同点在于地球表层自然生态环境由于突发的自然灾害而发生急剧恶化，生物因不适应而大量灭绝。研究表明，每次生物物种大灭绝之后，随着地球自然生态环境的恢复和改善，新的物种产生并逐步繁盛，进化到一个新的阶段，这个恢复和进化的时间持续上千万年，在地球历史上，生物物种曾经出现三次高峰，分别是早古生代、晚古生代和新生代，其中最高峰是在新生代的最近时期，即10000年以来的冰后期。

人口激增、土地资源过度开发以及工业化和城市化等对生态环境带来了前所未有的破坏，人类活动已引起了地球上生物物种以空前速度迅速消失。据科学家估算，目前生态系统的破坏很严重，导致物种的丧失比自然界本身的修复速度快了1000～10000倍，已经不亚于地球历史上前5次生物多样性危害导致物种大灭绝的速度。

最近300年中，全世界大约减少了1/2的森林面积。北美洲200年前150万平方千米的大草原现在只剩下不到1%。近2000年来约有110种兽类、130多种鸟类已经灭绝，其中2/3是近200年灭绝的。美国得克萨斯大学的一份研究报告预测，在今后100年内，全球植被的30%～70%将会消失。除了灭绝的物种之外，还有许多生物的物种受到威胁。国际自然及自然资源同盟的保护监测中心研究表明，世界物种中大约10%受到威胁。温带哺乳动物中25%～40%的生存状态已受到威胁，鸟类的情况稍微好一些，爬行动物的情况更糟，温带海洋中的物种也同样受到了严重的威胁。热带哺乳动物的11%、鸟类的11%、爬行动物的5%也都受到生存威胁。物种受到威胁后首先是局部灭绝，局部灭绝后，野生动物栖息地破碎成岛状。野生动物的迁徙繁衍被隔绝，导致动物遗传狭窄，进而导致物种的最后灭绝。

因此，保护生物资源避免生物灭绝已经成为全球性的迫切任务。

大气污染

大气是人类和一切生物赖以生存的必需条件。大气质量的优劣，对人体健康和整个生态系统都有着直接的影响。人类又通过各种生产和生活活动影响和改变着大气环境，使其质量恶化，甚至造成严重的大气污染事件。大气污染是指人类的生产、生活活动，向大气中排放的各种有毒有害物质，超过了环境所能允许的极限，使大气质量恶化，对人类、生物和物品产生不良影响。大气污染已引起人们极大关注，研究和控制大气污染已成为当前十分迫切的环境问题。

大气污染物的来源包括天然源和人为源两大类。像火山爆发、森林火灾、尘暴等释放的灰尘和有毒有害气体，也能引起大气污染，这种污染源称为天然源。当今人类所面临的大气污染主要是由人为活动造成的，称为人为源，可归纳为三方面：工业企业排气、家庭炉灶及取暖设备排气和交通运输排气等。

工业污染源

工业是大气主要污染源，排放量大而且较集中，排放物质组成复杂，主要包括燃烧排放的废物和生产过程中排放的废气，以及各类矿物和金属粉尘等。其中以煤、石油和天然气燃烧过程排放出来的烟尘、二氧化硫、氮氧化物、碳氧化物、氟化物以及各种有机化合物气体为主。

工业污染

交通运输污染源

交通运输污染源包括汽车、火车、飞机、轮船等现代化交通工具和各种农机具。污染的原因主要是汽油、柴油等燃料燃烧排出的尾气。

大气污染物种类很多，对人类危害大并已被人们注意的就有 100 多种，其中对环境威胁较大的主要有颗粒物质、二氧化硫、氮氧化物、一氧化碳、碳氢化合物、硫化氢、氟化物及光化学氧化剂等。

颗粒和液体气溶胶

颗粒和液体气溶胶一般指粒径为 0.1 ~ 200 微米的固体或液体颗粒。固体颗粒物根据其粒径大小可分为降尘和飘尘两类。粒径大于 10 微米的称为降尘，它可在重力作用下很快在污染源附近沉降下来；粒径小于 10 微米的细小颗粒，可以长时间飘浮于大气中，称作飘尘，具有很大的危害性。

硫氧化物

硫氧化物包括二氧化硫和三氧化硫。二氧化硫主要是来自燃烧含硫煤和石油产品，以及石油炼制、有色金属冶炼、硫酸化工等生产过程。生物活动产生的硫化氢氧化后也能产生部分二氧化硫。据统计，全世界每年排放到大气中的二氧化硫有1.46亿吨，其中70%源于煤的燃烧，16%源于重油燃烧，其余部分来自矿石冶炼和硫酸制备等。特别是火电厂的排放量最大，约占总排放量的1/2。二氧化硫在干燥洁净的空气中比较稳定，在潮湿的空气中易被氧化成三氧化硫，再与雨、雪、雾、露等水汽结合生成毒性更大的硫酸烟雾，或形成酸雨和其他形式的酸沉降，从而对环境造成更大的危害。

氮氧化物

大气中的氮氧化物包括 NO、NO_2、N_2O、N_2O_3、N_2O_5 等。人为活动排放到大气中的主要是 NO 和 NO_2。主要来源包括：①含氮有机化合物燃烧产生氮氧化物；②高温燃烧（1100℃以上）时，空气中的氮被氧化成一氧化氮，燃烧温度越高、氧气越充足，生成的一氧化氮越多；③各种交通运输工具排放的尾气中含有氮氧化物；④火力发电、硝酸、氮肥、炸药等工业生产过程都有大量氮氧化物排出。⑤土壤中氮素营养的反硝化作用产生一定的氮氧化物。

氮氧化物进入大气后被水汽吸收，可形成气溶胶态硝酸、亚硝酸雾，或硝酸、亚硝酸盐类，是形成酸雨的原因之一。此外，氮氧化物又是形成光化学氧化剂次生污染的重要原因。

碳氧化物

大气中的碳氧化合物主要包括一氧化碳和二氧化碳两种。二氧化碳是大气的正常组分，虽然没有直接危害，但目前全球大气二氧化碳浓度上升，形成温室效应，导致全球气候变暖，可能产生非常严重的后果。

一氧化碳就是通常所说的“煤气”，产生于含碳物质的不完全燃烧。主要来源于燃料的燃烧和加工以及交通工具的排气。据估算，全世界每年排放到大气中的一氧化碳为2.2亿吨左右，其中80%是汽车排出的。空气中一氧化碳浓度达0.001%时就会使人中毒，达1%时在2分钟内即可致人死亡。

碳氢化合物

碳氢化合物包括烷烃、烯烃和芳香烃等复杂多样的有机化合物。大气中的碳氢化合物主要来自汽车尾气、有机化合物的蒸发、石油裂解炼制、燃料缺氧燃烧及化工生产。其次是自然界有机物质的厌氧分解等生物活动产生的。碳氢化合物对人体健康尚未产生直接影响，但它是形成光化学烟雾的主要成分。碳氢化合物中的多环芳烃具有明显的致癌作用，已经引起人们的极大关注。

氟化物

排放到大气中的氟化物有氟化氢、氟化硅、氟硅酸及氟化钙颗粒物等。氟化物主要来自电解铝、磷肥、陶瓷、砖瓦及钢铁等生产过程。大气中的氟化物污染以氟化氢为主，是一种累积性中毒的大气污染物，可通过植物吸收累积进入食物链，在人和动物体内蓄积达到中毒浓度，从而使人畜受害。

光化学氧化剂

光化学氧化剂又叫光化学烟雾，是氮氧化物和碳氢化合物等一次污染物在紫外线的照射下发生各种光化学反应而生成的以臭氧为主，醛、酮、酸、过氧乙酰硝酸酯等一系列二次污染物与一次污染物的特殊混合物。它是一种浅蓝色烟雾，具有特殊气味，能刺激人的眼睛和喉咙，使之流泪、头痛、呕吐等。

光化学烟雾多出现在汽车密集地区，在夏秋季副热带高压控制下，在太阳辐射强、温度高的中午前后，容易发生光化学反应。光化学烟雾毒性大，氧化性强，对人体健康、动植物生长的危害较大。

除了上述主要大气污染物外，较为常见的污染物还有硫化氢、氯化氢、氨、氯气等。还有一些有机化合物气体如苯、酚、酮、醛、苯并（a）芘、过氧硝基酰、芳香胺、氯化烃等，这些污染物一般具有恶臭气味，对人体

光化学烟雾

感观有刺激作用，有些有致癌、致畸和致突变作用。

大气污染物如通过呼吸作用进入动物体内，会引起动物新陈代谢紊乱，诱发各种动物疾病。此外，动物食用了被大气污染物直接或间接污染过的植物或饲料，可引起动物中毒甚至死亡。如酸雨会使河流、湖泊等淡水水体酸化，从而破坏水生生态系统，影响鱼类生长发育，甚至死亡灭绝。瑞典的 9 万个湖泊中，已有 2 万个遭受酸雨危害，其中 4000 多个已没有鱼虾。

大气污染对人体有极大的危害，成人平均每天呼吸空气达 13.6 千克（约 10 立方米），其肺细胞展开面积达 50 ~ 70 平方米。因此，大气污染物首先通过呼吸系统进入人体。除此之外，大气污染物也可通过饮水和食物进入消化道，通过接触人体皮肤由循环系统进入人体。污染物进入人体后，其危害主要表现为：①急性中毒。污染物浓度高，在大气中停留时间长，容易使部分居民产生急性中毒，“公害事件”中的马斯河谷烟雾事件、多诺拉烟雾事件、伦敦烟雾事件、洛杉矶光化学烟雾事件，均是大气污染急性中毒的表现。②慢性中毒。大气污染物低浓度、长时期的连续作用，也能使人产生慢性中毒。例如，低浓度的一氧化碳，使人体血红蛋白输氧受阻，容易产生贫血症状，并导致心血管疾病的增加；低浓度的二氧化硫，刺激呼吸道，使呼吸道管腔缩小，黏膜增厚，气管炎和肺气肿发病率增高。

③致癌作用。大气中的许多污染物，如多环芳香烃类、铅、砷等，均有致癌作用。某些污染物（如二氧化硫）虽不直接致癌，但能使人体免疫能力降低，具有促进癌变的作用。

大气污染对植物也有很大的负面影响。大气污染一方面影响植物的生长发育，使农作物产量下降，严重时还能导致植株死亡；另一方面，大气污染物也可通过植物气孔进入植物体内，或通过其他途径在植物体内积累，降低农产品品质。不同污染物对植物的毒性不同，长期研究结果表明，氟化氢、氯气、乙烯、过氧乙酰硝酸酯等对植物毒性较大。大气污染物对植物的危害表现为急性、慢性和潜在危害3种。污染物浓度很高时产生急性危害，往往导致叶片伤害、枯死，甚至导致植株死亡。低浓度长时间的连续作用，往往表现为影响植物生长发育，导致产量下降或品质变劣。

大气污染除了影响生物的健康以外，还污染建筑物和土壤，严重腐蚀着仪器、设备和各种人工构筑物。如金属建筑物出现的锈斑、各种文物的严重风化等。此外，因大气污染而带来的酸雨，造成土壤酸化、养分流失、肥力下降，导致作物减产。此外，大气中的二氧化碳浓度上升，虽然不直接影响生物的生长发育，从某种意义上说还具有促进植物光合作用的效果，但它是引起温室效应，导致全球气候变暖的主要元凶；氮氧化物、氯氟烃类物质还导致臭氧层遭到破坏，产生严重的后果。

水体污染

水体污染是指由排入水体的污染物超过水体的自净能力，使水体的物理、化学性质或生物群落组成发生变化，从而降低或破坏了水体的使用价值，使水体丧失或部分丧失原有功能的现象。

水体污染大致可分为自然污染和人为污染两方面。自然污染指自然界的地球化学异常所释放的物质对水体造成的污染，如温泉将某些盐类、重金属带入地表水，天然植物腐烂使有害物质影响水质等。人为污染指由于人类活动给水体带来的污染。人类活动造成水体污染的污染物来源，主要是工业废水、生活污水和农业污水。通常所说的水体污染问题，是指由于

怵目惊心的水体污染

人类的生产和生活活动，把大量废水和废物排入水体，使水质变坏，降低或破坏了水体原有使用价值，使水体丧失原有功能的现象。

未经处理的工业废水、生活污水、农田排水中含有各种污染物，引起不同程度的水体污染。

无毒无机物质

无毒无机物质主要指排入水体中的酸、碱及一般无机盐类。冶金、金属加工、化工、人造纤维、酸性造纸等工业废水，是水体酸性污染物质的主要来源；制碱、制革、炼油、化学纤维、碱法造纸等工业废水，是碱性污染物质的重要来源。酸性、碱性废水相互中和，或它们与地表物质相互作用，均可产生各种无机盐类，因而酸和碱的污染必然伴随着无机盐的污染。

有毒无机物质

有毒无机物质主要指重金属和氰化物、氟化物等。这类污染物具有强烈的生物毒性，在排入水体或进行农业灌溉后，会影响鱼类、水生生物、农作物的生长和生存，并可通过食物链危害人体健康。

无毒有机物质

无毒有机物指比较容易分解的碳水化合物、脂肪、蛋白质等。这些物质以悬浮或溶解状态存在于污水中，可通过微生物的生化作用而分解。由于在其分解过程中需要消耗氧，因而被称为需氧污染物。水生生物的生命活动、生活污水和工业废水中均有大量需氧污染物。

有毒有机物质

有毒有机物质种类很多，以酚类化合物、有机农药等最为常见。酚类化合物主要来自炼焦、炼油、煤气、制造酚及其化合物和用酚做原料的工业所排放的含酚废水；水体中有机农药主要是有机氯、有机磷农药和有机汞类农药，来源于农药工业废水及被水冲刷的用药土壤。随着石油工业及水上运输的发展，油类物质对水体的污染也越来越严重，大面积油污覆盖水面，影响水质及水域功能，破坏景观，危害水生生物，而且油类污染很难及时清除。

放射性物质

水体的放射性污染主要来源于核企业排放的含放射性污染物的废水，也包括固体放射性污染物淋洗进入地表径流，向水体排放的放射性废物，核试验降落到水体的散落物，以及核动力船舶事故泄漏的核燃料。

生物污染物质

主要来自生活污水，医院、畜牧场、屠宰场污水、肉类加工、制革等工业废水，包括动物和人排泄的粪便中含有的致病细菌、霉菌、病毒、寄生虫以及某些进入水体的昆虫等。

水体热污染

水体热污染主要来源于工矿企业向江河排放的冷却水。其中以电力工业为主，其次是冶金、化工、石油、造纸、建材和机械等工业。

水体被污染的程度，通常用水质指标来表示，可分为物理性指标、化学性指标、生物性指标三大类。物理性水质指标有温度、色度、浊度、电导率、悬浮物等；化学性水质指标包括酸碱度、硬度、溶解氧、化学需氧量、生化需氧量等，以及各种氰化物、多环芳香烃、有机磷、氟化物和各种重金属的含量；生物性水质指标有细菌总数、大肠杆菌数、大肠菌群等。

悬浮物

污水中呈固体的不溶解物质称悬浮物，是水体污染基本指标之一，表明水中不溶解的悬浮物、漂浮物的含量多少，其含量主要取决于污水中夹带的泥沙、有机物、矿物盐等悬浮杂质的含量。地下水因有地层的覆盖和过滤作用，水中的悬浮物较地面水中的少得多。例如，煤矿矿坑水悬浮物达140～2000 毫克/升，小氮肥厂的冲渣废水为 150～2500 毫克/升，中小火电厂渣场废水的排放浓度达 70～1600 毫克/升。

需氧污染物

需氧污染物的组成比较复杂，要分别测定各种有机物的含量是比较困难的，一般采用下面几个参数来表示有机物的相对浓度。

生物化学需氧量，指水中有机物经微生物分解所需的氧量，简称生化需氧量，用 BOD 来表示，其测定结果用氧的毫克/升表示。因为微生物的活动与温度有关，一般以 20℃ 作为测定的标准温度。当温度为 20℃ 时，一般生活污水的有机物需要 20 天左右才能基本完成氧化分解过程，但这在实际工作中是有困难的，通常都以 5 天作为测定生化需氧量的标准时间，简称 5 日生化需氧量，用 BOD_5 来表示。

化学需氧量，指用化学氧化剂氧化水中有机污染物时所需的氧量（毫克/升），用 TOD 表示。TOD 越高，表示污水中有机物越多。目前常用的氧化剂主要是重铬酸钾。如用高锰酸钾作氧化剂，测得的化学需氧量简称耗氧量，用 OC 或 COD_{Cr} 表示。

总需氧量，指在高温下燃烧有机物所耗去的氧量（毫克/升），用 TOD 表示。一般用仪器测定，可在几分钟内完成。

总有机碳用 TOC 表示。通常是将水样在高温下燃烧，使有机碳氧化成 CO_2，然后测量所产生的 CO_2 的量，进而计算污水中有机碳的数量。一般也用仪器测定，速度很快。

细菌污染指标

细菌学检查特别是肠道菌的检查，可作为水体生物性污染及其污染程度检查的有力根据。在实际工作中，通常以检验水中的细菌总数和大肠菌群数来间接判断水质受到人畜粪便污染的情况。

细菌总数是指 1 毫升水在普通琼脂培养基中，在 37℃环境下经 24 小时培养后，所生长的细菌菌落总数。并不能表示水中的全部细菌，也无法说明有无病原菌存在。但当水被人畜粪便及其他污染物污染时，其细菌总数即急剧增加，因此，此时的细菌总数可作为水体污染的指标。

大肠菌群是肠道中最基本且易培养的细菌群之一，可随人畜粪便进入水体。水体中大肠菌群数的增加，是直接反映水体受人畜粪便污染的一项重要指标。

有害有毒物质

测定水中有害有毒物质的含量，往往是直接说明水体受到某种工业废水或生活污水污染的重要证据，也是反映水体污染状况的一项重要指标。我国已制定《地面水中有害物质的最高容许浓度》的标准，其中列出了 53 种有害有毒物质。

土壤污染

人类活动产生的污染物进入土壤并积累到一定程度，超过了土壤的自净能力，引起土壤环境恶化的现象，称为土壤污染。土壤污染通常具有以下特点：

1. 土壤污染具有隐蔽性。土壤污染与大气和水体污染不同，大气和水体污染是通过饮食和呼吸直接进入人体，对人体的危害比较明显；而土壤污染往往是通过农作物和食品间接产生危害，不易发现。

2. 土壤污染的判定比较复杂。对土壤污染的判定，既要考虑土壤中污染物的测定值，又要考虑土壤的本底值，比较土壤中的元素和化合物含量有无异常。同时，还要考虑农作物中污染物的含量，看它与土壤污染的关系，要注意观察农作物生长发育是否受到抑制，有无生态变异。

土壤污染

3. 土壤污染危害大，后果严重。①污染物通过食物链富集而危害动物和人类健康；②土壤污染还可以通过地下水渗漏，造成地下水污染，或通过地表径流污染水体；③土壤污染地区若遭风蚀，又将污染的土粒吹扬到远处，扩大污染面。

污染物进入土壤以后，一方面造成土壤污染，另一方面，这些性质不同的污染物在土体中经过物理、化学、物理化学、生物化学等一系列过程，促使污染物逐渐分解和消失，这就是土壤的净化作用。通过挥发、扩散等物理作用，逐步降低污染物毒性和浓度；经过中和、氧化、还原等化学作用，使污染物转化为无毒无害物质；通过沉淀、胶体吸附等作用，成为难以被植物吸收利用的形态而存在于土壤中，暂时退出生物小循环，脱离食物链；通过生物或生物化学降解，污染物变为毒性较小或无毒性的物质，甚至还能为植物提供养分。但是，土壤的净化能力是有限的，而且土壤的移动性小，扩散、稀释等物理作用远比大气和水体环境低。因此，土壤污染更加应该引起高度重视。

根据造成土壤污染的原因不同，可将土壤污染分为5种类型：①水体污染型。利用工业废水或城市污水进行灌溉时，使污染物随水进入土壤，造成土壤污染。我国污水灌溉区普遍发现此类污染，北京、上海、西安、成都、沈阳等城市郊区污水灌溉均已出现重金属污染。②大气污染型。大气污染物通过干、湿沉降所造成的土壤污染。如酸雨严重地区所出现的土壤酸化。③农业污染型。主要是由于大量施用化学肥料和化学农药所造成。④生物污染型。对农田施用垃圾、污泥、粪便和生活污水时，如不进行适当的消毒灭菌处理，土壤容易形成生物污染，成为某些病原菌的疫源地。⑤固体废弃物污染型。主要是指城市生活垃圾、采矿废渣、工业废渣、污泥等物质进入农田，而使土壤受到污染。

固体废弃物污染土壤

土壤污染源包括工业污染源、农业污染源、生活污染源。在工业废水、废气和废渣中，都含有多种污染物，其浓度一般较高，一旦侵入农田，即可在短期内对土壤和作物产生危害，农药、化肥、农膜以及污水灌溉等是农业本身造成的土壤污染，虽然其中一部分是工业产品和工业废水造成的，但主要还是由于农业活动引起的，因此把它们归为农业污染源。人类的消费活动向外界环境排放大量的废水和垃圾，其中对土壤污染较为严重的有生活污水、污泥、垃圾和粪便。生活垃圾的成分十分复杂，如果不进行科学分选和处理，可导致严重的土壤污染。

污染物进入土壤后，即与土壤的固、液、气三相物质成分发生一系列物理、化学、物理化学和生物化学的反应过程，在土体内进行迁移转化。这个过程的方向和程度，取决于进入土壤的污染物质种类、性质、数量和速度，以及土壤的物理、化学和生物学的性质。土壤是自然环境中微生物最活跃的场所，所以生物降解在污染物迁移转化过程中起着重要作用。土壤中的“三相”物质分布是控制污染物运动和微生物活动的重要因素，pH

值、湿度、温度、离子交换能力和微生物的种类等则是污染物迁移转化的依存条件。所以，土壤污染物的迁移转化过程是极其复杂的。

噪声污染

所谓噪声，一般被认为是不需要的，使人厌烦并对人们生活和生产有妨碍的声音。它包括：①过响声，如机器运转声、喷气发动机的隆隆声、嘶叫声等；②妨碍声，声音虽不太高，但妨碍人们的交谈、思考和休息等；③不愉快声，如摩擦声、碰撞声、尖叫声等。一种声音是不是噪声不单独取决于声音的物理性质，也和人类的生活状态有关，不同年龄、不同健康状况、不同处境对噪声的理解都可以是不同的。城市噪声妨碍人们的休息与健康，是当今城市中生活的人群面对的一大环境问题。

噪声在0～120分贝的范围内分为3级：①Ⅰ级（30～59分贝）：可以忍受，但已有不舒适感，达到40分贝时开始干扰睡眠。②Ⅱ级（60～89分贝）：对自主神经系统的干扰增加，听话困难，85分贝，是保护听力的一般要求。③Ⅲ级（90～120分贝）：显著损害神经系统，造成不可逆的听觉器官损伤。

噪声属于感觉公害，它没有污染物，在空中传播时并未给周围环境留下什么毒害性的物质，它对环境的影响不积累、不持久，传播的距离有限，一旦声源停止发声，噪声也就消失。噪声具有声音的一切声学特性和规律，噪声对环境的影响和它的频率、声压和声强有关。噪声强度用分贝（dB）作单位。

噪声按其来源大致可分为交通噪声、工厂噪声、建筑施工噪声和社会生活噪声。

交通噪声

交通噪声主要来自交通运输工具的行驶、震动和喇叭声，其影响面极广。喇叭声在我国城市噪声中最为严重，电喇叭为90～110分贝，汽车喇叭为105～110分贝（距行驶车辆5m处），火车汽笛可达130分贝。我国城市交通噪声普遍高于国外。随着航空事业的发展，航空噪声也十分严重，一般大型喷气客机起飞时，距跑道两侧1千米内语音通话受干扰，4千米内不能睡眠和休息，超音速飞机在15000米的高空飞行，其压力波可达30～50千米范围的地面，可使很多人受到影响。

交通噪声

工厂噪声

工厂噪声来自生产过程和市政施工中的机械震动、摩擦、撞击以及气流扰动等而产生的声音。一般电子工业和轻工业的此类噪声在90分贝以下，纺织厂为90～106分贝，机械工业噪声为80～120分贝，凿岩机、大型球磨机达120分贝，风铲、风镐、大型鼓风机在130分贝以上。工厂噪声是造成职业性耳聋，甚至是年轻人脱发秃顶的主要原因。

建筑施工噪声

建筑施工噪声是指建筑施工现场大量使用各种不同性能的动力机械时产生的噪声。包括施工时的爆炸引起的噪声、施工机械动力直接发出的噪声、施工机械与施工场地相互作用所产生的噪声等。这类噪声具有突发性、冲出性、不连续性等特点，也特别容易引起人们的烦恼。

生活噪声

指街道和建筑物内部各种生活设施、人群活动等产生的声音。如敲打物体、儿童哭闹、收音机和电视机的大声播放、卡拉OK声、户外喧哗声等，均属此类。生活噪声一般在80分贝以下，对人没有直接的生理危害，但都能干扰人们谈话、工作、学习和休息，使人心烦意乱。

关于噪声标准是国际上争论的一大问题，因为它不仅与技术有关，而且牵涉到巨额的投资问题，所以，虽然“国际标准化组织”（ISO）推荐了国际标准值，但不少国家还是公布了自己的标准。随着人们对噪声危害认识的日益加深和科学技术的不断进步，人们已经开始从只注意噪声对听力的影响，发展到噪声对心血管系统、神经—内分泌系统的影响，从而制定出更加科学的噪声标准，这是当前国际上研究噪声标准的趋势。目前的噪声标准主要分为三类。

听力保护标准

按照“国际标准化组织”的定义，500 赫兹、1000 赫兹和 2000 赫兹 3 个频率的平均听力损失超过 25 分贝时，称为噪声性耳聋。目前大多数国家将听力保护标准定为 90 分贝以下，它能够保护 80% 的人群；有些国家定为 85 分贝以下，它能够使 90% 的人得到保护；只有在不超过 80 分贝的条件下，才能保护 100% 的人不致耳聋。目前我国制定的听力保护标准规定现有企业为 90 分贝以下，新建、改建企业要求达到 85 分贝以下。

机动车辆噪声标准

由于城市噪声的 70% 源于交通噪声，如果车辆噪声得到控制，则城市噪声就能大大降低。为此，我国制定了相应的机动车辆噪声控制标准，强制性控制车辆生产过程中的噪声把关。

环境噪声标准

噪声环境复杂多样，所以环境噪声标准的制定最为复杂，通常是从噪声引起烦恼的角度来考虑环境噪声的标准。噪声对休息睡眠与交谈思考的干扰是日常生活中最易引起烦恼的因素，因此环境噪声标准的制定，主要是以对睡眠和交谈思考的干扰程度为依据。就睡眠而言，一个 40 分贝的连续噪声，会使 10% 的人睡眠受到影响，在 70 分贝时受到影响的人达 50%。30 ~ 35 分贝的噪声对睡眠基本上没有影响。因此，我国也把安静住宅区夜间的噪声标准定为35分贝以下。

噪声对人体的危害主要体现在以下几个方面：

干扰睡眠

睡眠是人消除疲劳、恢复体力和维持健康的必要途径。但是噪声会影响人的睡眠质量和数量，老年人和病人对噪声干扰更敏感。当人的睡眠受到干扰而辗转不能入睡时，就会出现呼吸频率增高、脉搏跳动加剧、神经兴奋等现象，第二天会觉得疲倦、易累，从而影响工作效率。久而久之，就会引起失眠、耳鸣多梦、疲劳无力、记忆力衰退等，这些在医学上称为神经衰弱征候群。在高噪声环境下，这种病的发病率可达50%～60%或以上。

损伤听力

噪声可以使人造成暂时性的或持久性的听力损伤，后者即耳聋。一般来说，85分贝以下的噪声不至于危害听觉，而超过85分贝则可能发生危险。据统计，长期在85分贝噪声环境下工作，约10%的人发生耳聋；长期在90分贝噪声环境下工作，约20%的人发生耳聋；长期在95分贝噪声环境下工作，约30%的人出现耳聋；长期在100分贝噪声环境下工作，约40%的人会发生耳聋。

损伤人体生理

实验表明，噪声会引起人体紧张的反应，刺激肾上腺素的分泌，因而引起心率改变和血压升高，是心脏病恶化和发病率增加的一个重要原因。噪声会使人的唾液、胃液分泌减少，胃酸降低，从而易患胃溃疡和十二指肠溃疡。研究表明，某些吵闹的工业企业里，溃疡病的发病率比在安静环境中高5倍。噪声对人的内分泌功能也会产生影响。在高噪声环境下，会使一些女性的性功能紊乱、月经失调、孕妇流产率增高。近年还有人指出，噪声是诱发癌症的病因之一。

致儿童和胎儿损伤

在噪声环境下，儿童的智力发育缓慢。有人做过调查，吵闹环境下儿童智力发育比安静环境中低20%。噪声对胎儿也会产生有害影响，研究表明，噪声使母体产生紧张反应，会引起子宫血管收缩，以致影响供给胎儿发育所必需的养料和氧气。有人对机场附近居民的研究发现，噪声与胎儿畸形有关。此外，噪声还影响胎儿和婴儿的体重，吵闹区婴儿体重轻的比例较高。极强的噪声（如175分贝），还会致人死亡。

强噪声还会使禽类羽毛脱落，不能产蛋，甚至内出血和死亡。如20世纪60年代初期，美国F－104喷气机在俄克拉荷马市上空做超音速飞行试验，每天飞行8次，共飞行6个月，结果，在飞机轰隆声的作用下，一个农场的10000只鸡被噪声杀死6000只。

固体废弃物污染

随着人类文明社会的发展，人们在索取和利用自然资源从事生产和生活活动时，由于受到客观条件的限制，总要把其中的一部分作为废物丢弃。另外，由于各种产品本身有其使用寿命，超过了寿命期限，也会成为废物。但“废物”具有相对性，一种过程的废物随着时空条件的变化，往往可以成为另一过程的原料。

人类在生产、加工、流通、消费等过程中被丢弃的固体和泥状物统称为固体废弃物。固体废弃物的来源主要有以下几方面：①工业废渣。主要包括各种冶金废渣、煤灰、矿渣、金属碎屑、破玻璃陶瓷、废塑胶类物质、废纸、废纤维、木屑、废化学制品及农副产品加工和食品加工过程产生的各种废渣、下脚料、工业废料、放射性残渣等。②生活垃圾。这类固体废弃物主要是由居民生活及机关团体和其他公共设施所产生的固体废弃物。主要是废纸、厨房废物（煤灰、食物残渣、烂菜等）、废塑料、碎玻璃陶瓷、罐头盒、废纤维、树叶、脏土及其他废生活用品等。③农牧业及水产废弃物。主要是农作物的秸秆、藤蔓、皮壳、废菜、畜禽粪便、贝壳、鱼

满山的固体废弃物

骨、羽毛等。④商业废弃物。如废纸、废皮、废布、纤维、废塑料、废玻璃、动植物残体、变质食品及包装用品等。⑤环境治理垃圾。指城市清扫垃圾、垃圾焚烧残渣、污水污泥等。⑥建筑垃圾。主要是破碎的砖瓦、石块、废水泥制品、废铁、木材料及工程废土等。

固体废弃物由于种类繁多，成分十分复杂，而且许多固体废弃物中还含有重金属、有毒化合物和致癌物质等，对环境的影响很大。

侵占土地

固体废弃物不加利用，需占地堆放，堆积量越大，占地越多。据统计，我国每年产生工业固体废弃物6亿吨，城市生活垃圾1.5亿吨，使全国200多个城市陷于固体废弃物的包围之中，并且占用大量土地资源。2000年仅工业固体废弃物的堆积总量已达1.15×10^{10}吨，占地面积达86000公顷，其中农田7000公顷，这对我国以农业为基础的基本国策是一个很大的冲击。

破坏环境

大量固体废弃物的堆放不仅占用大量土地，而且破坏、玷污景观旅游地，影响环境卫生。如交通沿线散落的塑料物品、碎玻璃片、果皮、纸屑等；矿山、工厂、电厂周围堆积如山的矿渣、粉煤灰，引起尘土飞扬，既影响环境卫生，又危害人体健康；城市周围的垃圾堆积，使人们感觉处于垃圾的包围之中。

破坏土壤功能

大量地膜碎片残留在土壤中，使土壤透水性、通气性及结构受到较大干扰，影响耕作播种、出苗扎根，导致农作物减产。

污染水体

固体废弃物对水体的污染主要表现为：①造成江、河、湖、渠、塘、库的淤塞，使其贮蓄水的容量减小；②污染地面水体，影响水生生物的繁殖生长和水资源的利用；③污染地下水，造成人畜饮水困难，影响人畜健康。例如，我国由于向水体投弃粉煤灰等固体废弃物，1950—1980 年间，江湖面积已缩减了 100 万公顷以上；包头钢铁公司铁尾矿堆积量达 1500 万吨，其溶渗液中氟含量高达 10.6 毫克/升，严重地污染了当地的地表水体和地下水。

污染大气

工业固体废弃物和生活垃圾及畜禽粪便等在堆放过程中，因为有机物质的分解，产生许多有毒有害及恶臭气体，造成空气污染。一些颗粒状废渣、垃圾会随风飘扬，或在运输处理过程中产生有毒气体与粉尘，造成严重的空气污染。例如，石油化工厂排放的油渣、沥青等，在自然条件下会产生多环芳烃有毒气体；煤矸石自然散发出大量 SO_2；某些工业废物与生活垃圾、畜禽粪便产生的恶臭更是难闻，毒化了空气，污染了环境。

污染土壤

固体废弃物不仅大量侵占农田，而且长期堆积于地表的固体废弃物中的有害物质会随水溶渗入土壤，破坏土壤理化性质，影响土壤微生物的活动，妨碍植物生长，并在农作物中积累，危及人、畜健康。

太空垃圾

宇宙航天事业的发展，给人类展示了飞出地球的美好前景，但也给地球周围的宇宙空间带来污染。人类丢弃的人造卫星和火箭的碎片基本处于无人管理而不断增加的状态，将来很可能危及人类在宇宙空间的活动。因此，现在越来越多的人呼吁“尽早找出治理宇宙空间垃圾的办法”。

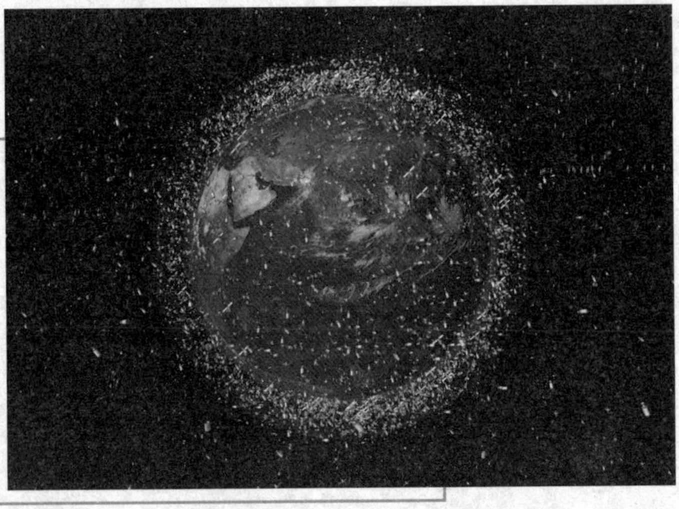

部分围绕地球运行的太空垃圾

飘浮在宇宙空间的垃圾被称作“太空垃圾”，它与人造卫星一样，也是按照一定的轨道绕地球旋转的。人类发射的火箭散失在太空的碎片和零部件、卫星由于爆炸或故障而抛撒于太空的碎片以及寿命已尽的卫星残骸等，都是太空垃圾。

如果不采取必要的对策，人类的每次宇宙开发活动都将增加太空垃圾。而且，太空垃圾和卫星碰撞，使卫星破碎，垃圾的数量会更多，这是一种恶性循环。到现在为止，虽未发生大的灾难，但已经发现，美国航天飞机的玻璃窗和航天飞机的外壳有被细小的金属微粒和卫星涂料的碎片擦碰的痕迹。1991 年 9 月，美国发现号航天飞机距苏联火箭残骸特别近时，为避免灾难性的相撞，不得不改变运行轨道。

即便是微粒垃圾，数量多了也足以使卫星减少寿命。还有，太空垃圾造成的光线散射将会使人类对宇宙空间星体的观测受到影响。现在有可能给人类的宇宙活动带来危险的直径在 1 毫米以上的垃圾已有数百万个，其中大部分是美国和苏联丢弃的。

美国、日本等国正在研究怎样减少、清除太空垃圾的方法。如日本宇宙航空学会的报告书提出研究不会产生垃圾的火箭和卫星；1992 年 5 月，美国发射升空的航天飞机“奋进号”的任务就是回收一颗游荡在宇宙空间的卫星，并把它重新发回静止轨道。日本科学技术人士认为“将来宇宙空间往返的航天飞机或许将活跃在回收和清除太空垃圾的领域”。

十大公害事件

马斯河谷事件

比利时马斯河谷工作区在比利时境内沿马斯河 24 千米长的一段河谷地带，即马斯峡谷的列日镇和于伊镇之间，两侧山高约 90 米。许多重型工厂分布在河谷上，包括炼焦、炼钢、电力、玻璃、炼锌、硫酸、化肥等工厂，还有石灰窑炉。

马斯河谷工业区上空的烟雾

1930 年 12 月 1—5 日，时值隆冬，大雾笼罩了整个比利时大地。比利时列日市西部马斯河谷工业区上空的雾此时特别浓。由于该工业区位于狭长的河谷地带，气温发生了逆转，大雾像一层厚厚的棉被覆盖在整个工业区的上空，致使工厂排出的有害气体和煤烟粉尘在地面上大量积累，无法扩散，二氧化硫的浓度也高得惊人。3 日这一天雾最大，加上工业区内人烟稠密，整个河谷地区的居民有几千人生起病来。病人的症状表现为胸痛、咳嗽、呼吸困难等。一星期内，有 60 多人死亡，其中以原先患有心脏病和肺病的人死亡率最高。尸体解剖结果证实：刺激性化学物质损害呼吸道内壁是致死的原因。其他组织与器官没有毒物效应。与此同时，许多家畜也患了类似病症，死亡的也不少。据推测，事件发生期间，大气中的二氧化硫浓度竟高达 25～100 毫克/立方米，空气中还含有有害的氟化物。专家们在事后进行分析认为，此次污染事件，几种有害气体与煤烟、粉尘同时对人体产生了毒害。

事件发生以后，虽然有关部门立即进行了调查，但一时不能确证致害物质。有人认为是氟化物，有人认为是硫的氧化物，其说法不一。以后，人们又对当地排入大气的各种气体和烟雾进行了研究分析，排除了氟化物致毒的可能性，认为硫的氧化物——二氧化硫气体和三氧化硫烟雾的混合物是主要致害的物质。据推测，事件发生时工厂排出有害气体在近地表层积累。据费克特博士在 1931 年对这一事件所写的报告，推测大气中二氧化硫的浓度为 25～100 毫克/立方米（9～37 微克）。空气中存在的氧化氮和金属氧化物微粒等污染物会加速二氧化硫向三氧化硫转化，加剧对人体的刺激作用。而且一般认为是具有生理惰性的烟雾，通过把刺激性气体带进肺部深处，也起了一定的致病作用。

在马斯河谷烟雾事件中，地形和气候扮演了重要角色。从地形上看，该地区是一狭窄的盆地；气候反常导致持续逆温和大雾，使得工业排放的污染物在河谷地区的大气中积累到有毒级的浓度。该地区过去有过类似的气候反常变化，但因为时间都很短，后果不严重。如 1911 年的发病情况与这次相似，但没有造成人员死亡。

值得注意的是，马斯河谷事件发生后的第二年即有人指出："如果这一现象在伦敦发生，伦敦公务局可能要对 3200 人的突然死亡负责。"这话不幸言中。22 年后，伦敦果然发生了 4000 人死亡的严重烟雾事件。这也说明造成以后各次烟雾事件的某些因素是具有共同性的。

这次事件轰动一时，虽然日后类似这样的烟雾污染事件在世界很多地方都发生过，但马斯河谷烟雾事件却是20世纪最早记录下的大气污染惨案。

洛杉矶事件

洛杉矶，是美国西部太平洋沿岸的一个海滨城市，前面临海，背后靠山。原先风光优美，常年阳光明媚，一年只有几天下雨，气候温和。美国电影中心——好莱坞就设在它的西北郊区。洛杉矶南郊约100千米处的圣克利门蒂是美国西部白宫。

但是，自从1936年在洛杉矶开发石油以来，特别是第二次世界大战后，洛杉矶的飞机制造和军事工业迅速发展，洛杉矶已成为美国西部地区的重要海港，工商业的发达程度仅次于纽约和芝加哥，是美国的第三大城市。随着工业发展和人口剧增，洛杉矶在20世纪40年代初就有汽车250万辆，每天消耗汽油1600万升。20世纪70年代，汽车已有400多万辆。市内高速公路纵横交错，占全市面积的30%，每条公路通行的汽车每天达16.8万次。由于汽车漏油、汽油挥发、不完全燃烧和汽车排气，每天向城市上空排放大量石油烃废气、一氧化碳、氧化氮和铅烟（当时所用汽车为含四乙

笼罩在洛杉矶上空的光化学烟雾

基铅的汽油）。这些排放物，在阳光的作用下，特别是在5—10月的夏季和早秋季节的强烈阳光作用下，发生光化学反应，生成淡蓝色光化学烟雾。这种烟雾中含有臭氧、氧化氮、乙醛和其他氧化剂，滞留市区久久不散。

从地形来说，洛杉矶地处太平洋沿岸的一个口袋形地带之中，只有西面临海，其他三面环山，形成一个直径约50千米的盆地，空气在水平方向流动缓慢。虽然在海上有相当强劲的从西北方吹来的地面风，但此风并不穿过海岸线。在海岸附近和沿着近乎是东西走向的海岸线上吹的是西风或西南风，而且风力弱小。这些风将城市上空的空气推向山岳封锁线。

还有另一个因素促使逆温层的形成。沿着加利福尼亚州海岸向南方和东方流动的是一股大洋流，名叫加利福尼亚潮流。在春季和初夏，这股海水较冷。来自太平洋上空的比较温暖的空气，越过海岸向洛杉矶地区移动，经过这一寒冷水面升空后变冷。这就出现了接近地面的空气变冷，同时高空的空气由于下沉运动而变暖的态势，于是便形成了洛杉矶上空强大的持久性的逆温层。每年约有300天从西海岸到夏威夷群岛的北太平洋上空出现逆温层，它们犹如帽子一样封盖了地面的空气，并使大气污染物不能上升到越过山脉的高度。

洛杉矶的光化学烟雾在这种特殊的气象条件下，扩散不开，停滞在市内，毒化空气形成污染。在一天里，由上午9—10点钟开始形成烟雾，一氧化氮浓度增加，其浓度在10ppm以下就可积蓄臭氧。到14点左右，臭氧浓度达到高峰，氧化氮浓度减少。然后随着太阳西下，烟雾也逐渐消失，这些现象是光化学烟雾在环境中的典型特点。1943年以来，每年5—10月期间经常出现烟雾几天不散的严重污染。前后经过七八年，到20世纪50年代，人们才发现洛杉矶烟雾是由汽车排放物造成的。1955年9月，由于大气污染和高温，使烟雾的浓度高达0.65ppm。在两天里，65岁以上的老人死亡400余人，为平时的3倍多。许多人眼睛痛、头痛、呼吸困难。从20世纪50年代开始，洛杉矶当地政府每天都向居民发出光化学烟雾预报和警报。光化学烟雾中的氧化剂以臭氧为主，所以常以臭氧浓度高低作为警报的依据。1955—1970年，洛杉矶曾发出臭氧浓度的一级警报80次，每年平均5次，其中1970年高达9次。1979年9月17日，洛杉肌大气保护局发出了“烟雾紧急通告第二号”，当时空气中臭氧含量已经超过了0.35ppm，几乎达到了“危险点”。洛杉矶已经失去了它美丽舒适的环境，有了“美国的烟雾城”称号。

洛杉矶烟雾，主要是刺激眼、喉、鼻，引起眼病、喉头炎及不同程度的头痛。在严重情况下，也会造成死亡事件。烟雾还能造成家畜患病，妨碍农作物及植物的生长，使橡胶制品加速老化，材料和建筑物受腐蚀而损坏。光化学烟雾还使大气浑浊，降低大气能见度，影响汽车、飞机安全运行，造成车祸、飞机坠落事件增多。

对于洛杉矶烟雾产生的原因，并不是很快就搞清楚的。开始认为是空气中二氧化硫导致洛杉矶的居民患病。但在减少各工业部门（包括石油精炼）的二氧化硫排放量后，并未收到预期的效果。后来发现，石油挥发物（碳氢化合物）同二氧化氮或空气中的其他成分一起，在阳光（紫外线）作用下，会产生一种有刺激性的有机化合物，这就是洛杉矶烟雾。但是，由于没有弄清大气中碳氢化合物究竟从何而来，尽管当地烟雾控制部门立即采取措施，防止石油提炼厂储油罐石油挥发物的挥发，仍未获得预期效果。最后，经进一步探索，才认识到当时的250万辆各种型号的汽车，每天消耗1600万升汽油，由于汽车汽化器的汽化率低，每天有1000多吨碳氢化合物进入大气。这些碳氢化合物在阳光作用下，与空气中其他成分起化学作用而产生一种新型的刺激性强的光化学烟雾。这才真正搞清楚了产生洛杉矶烟雾的原因。

饱受光化学烟雾折磨的洛杉矶市民于1947年划定了一个空气污染控制区，专门研究污染物的性质和它们的来源，探讨如何才能改变现状。汽车仍在不断地增多，美国政府对此感到头痛，连尼克松总统都沮丧地说“汽车是最大的大气污染源”。

多诺拉事件

多诺拉是美国宾夕法尼亚州的一个小镇，位于匹兹堡市南边30千米处，有居民1.4万多人。多诺拉镇坐落在一个马蹄形河湾内侧，两边高约120米的山丘把小镇夹在山谷中。多诺拉镇是硫酸厂、钢铁厂、炼锌厂的集中地，多年来，这些工厂的烟囱不断地向空中喷烟吐雾，以致多诺拉镇的居民们对空气中的怪味都习以为常了。

1948 年 10 月 26 ~ 31 日，持续的雾天使多诺拉镇看上去格外昏暗。气候潮湿寒冷，天空阴云密布，一丝风都没有，空气失去了上下的垂直移动，出现逆温现象。在这种死风状态下，工厂的烟囱却没有停止排放，就像要冲破凝住了的大气层一样，不停地喷吐着烟雾。

多诺多钢厂大肆排放有毒化学烟雾

两天过去了，天气没有变化，只是大气中的烟雾越来越厚重，工厂排出的大量烟雾被封闭在山谷中。空气中散发着刺鼻的二氧化硫气味，令人作呕。空气能见度极低，除了烟囱之外，工厂都消失在烟雾中。

随之而来的是小镇中 6000 人突然发病，症状为眼病、咽喉痛、流鼻涕、咳嗽、头痛、四肢乏倦、胸闷、呕吐、腹泻等，其中有 20 人很快死亡。死者年龄多在 65 岁以上，大都原来就患有心脏病或呼吸系统疾病，情况和当年的马斯河谷事件相似。

这次的烟雾事件发生的主要原因，是由于小镇上的工厂排放的含有二氧化硫等有毒有害物质的气体及金属微粒在气候反常的情况下聚集在山谷中积存不散，这些毒害物质附着在悬浮颗粒物上，严重污染了大气。人们在短时间内大量吸入这些有毒害的气体，引起各种症状，以致暴病成灾。

多诺拉烟雾事件和1930年12月的比利时马斯河谷烟雾事件，以及多次发生的伦敦烟雾事件、1959年墨西哥的波萨里卡事件一样，都是由于工业排放烟雾造成的大气污染公害事件。

大气中的污染物主要来自煤、石油等燃料的燃烧，以及汽车等交通工具在行驶中排放的有害物质。全世界每年排入大气的有害气体总量为5.6亿吨，其中一氧化碳2.7亿吨，二氧化碳1.46亿吨，碳氢化合物0.88亿吨，二氧化氮0.53亿吨。美国每年因大气污染死亡人数达5.3万多，其中仅纽约市就有1万多人。大气污染能引起各种呼吸系统疾病，由于城市燃煤煤烟的排放，城市居民肺部煤粉尘沉积程度比农村居民严重得多。

伦敦烟雾事件

1952年12月5~8日，地处泰晤士河河谷地带的伦敦城市上空处于高压中心，一连几日无风，风速表读数为零。大雾笼罩着伦敦城，又值城市冬季大量燃煤，排放的煤烟粉尘在无风状态下蓄积不散，烟和湿气积聚在大气层中，致使城市上空连续四五天烟雾弥漫，能见度极低。在这种气候条件下，飞机被迫取消航班，汽车即便白天行驶也须打开车灯，行人走路都极为困难，只能沿着人行道摸索前行。

由于大气中的污染物不断积蓄，不能扩散，许多人都感到呼吸困难，眼睛刺痛，流泪不止。伦敦医院由于呼吸道疾病患者剧增而一时爆满，伦敦城内到处都可以听到咳嗽声。仅仅4天时间，死亡人数达4000多。就连当时举办的一场盛大的得奖牛展览中的350头牛也惨遭劫难。其中一头牛当场死亡，52头严重中毒，14头奄奄待毙。2个月后，又有8000多人陆续丧生。这就是骇人听闻的“伦敦烟雾事件”。

酿成伦敦烟雾事件主要的凶手有两个，冬季取暖燃煤和工业排放的烟雾是元凶，逆温层现象是帮凶。煤炭在燃烧时，会生成水、二氧化碳、一氧化碳、二氧化硫、二氧化氮和碳氢化合物等物质。这些物质排放到大气中后，会附着在飘尘上，凝聚在雾气上，进入人的呼吸系统后会诱发支气管炎、肺炎、心脏病。当时伦敦持续几天的“逆温”现象，加上不断排放的烟雾，使其上空大气中烟尘浓度比平时高 10 倍，二氧化硫的浓度是以往的 6 倍，整个伦敦城犹如一个令人窒息的毒气室一样。

烟雾笼罩下的伦敦城

可悲的是，烟雾事件在伦敦出现并不是独此一次，相隔 10 年后又发生了一次类似的烟雾事件，造成 1200 人的非正常死亡。20 世纪 70 年代，伦敦市内改用煤气和电力，并把火电站迁出至城外，使城市大气污染程度降低了 80%，骇人的烟雾事件才没在伦敦再度发生。

水俣病事件

日本熊本县水俣湾外围是一个海产丰富的内海，是渔民们赖以生存的主要渔场。水俣镇是水俣湾东部的一个小镇，有 4 万多人居住，周围的村庄还（居）住着 1 万多农民和渔民。

1925 年，日本氮肥公司在这里建厂，后又开设了合成醋酸厂。1949 年后，这个公司开始生产氯乙烯，年产量不断提高，1956 年超过 6000 吨。与此同时，工厂把没有经过任何处理的废水排放到水俣湾中。

1956 年，水俣湾附近发现了一种奇怪的病。这种病症最初出现在猫身上，被称为“猫舞蹈症”。病猫步态不稳，抽搐、麻痹，甚至跳海死去，被称为“自杀猫”。随后不久，此地也发现了患这种病症的人。患者由于脑中枢神经和末梢神经被侵害，轻者口齿不清、步履蹒跚、面部痴呆、手足麻痹、感觉障碍、视觉丧失、震颤、手足变形，重者神经失常，或酣睡，或兴奋，身体弯弓高叫，直至死亡。当时这种病由于病因不明而被叫做“怪病”。

重金属污染下的水俣湾

这种“怪病”就是日后轰动世界的“水俣病”，是最早出现的由于工业废水排放污染造成的公害病。“水俣病”的罪魁祸首是当时处于世界化工业尖端技术的氮（N）生产企业。氮用于肥皂、化学调味料等日用品以及醋酸、硫酸等工业用品的制造上。日本的氮产业始创于1906年，其后由于化学肥料的大量使用而使化肥制造业飞速发展，甚至有人说“氮的历史就是日本化学工业的历史”，日本的经济成长是“在以氮为首的化学工业的支撑下完成的”。然而，这个“先驱产业”肆意的发展，却给当地居民及其生存环境带来了无尽的灾难。

氯乙烯和醋酸乙烯在制造过程中要使用含汞的催化剂，这使排放的废水含有大量的汞。当汞在水中被水生物食用后，会转化成甲基汞。这种剧毒物质只要有挖耳勺的一半大小的量就可以致人于死命，而当时由于氮的持续生产已使水俣湾的甲基汞含量达到了足以毒死日本全国人口两次都有余的程度。水俣湾由于常年的工业废水排放而被严重污染了，水俣湾里的鱼虾类也由此被污染了。这些被污染的鱼虾通过食物链又进入了动物和人类的体内。甲基汞通过鱼虾进入人体，被肠胃吸收，侵害脑部和身体其他部分。进入脑部的甲基汞会使脑萎缩，侵害神经细胞，破坏掌握身体平衡的小脑和知觉系统。据统计，有数十万人食用了水俣湾中被甲基汞污染的鱼虾。

早在多年前，就屡屡有过关于水俣湾的鱼、鸟、猫等生物异变的报道，有的地方甚至连猫都绝迹了。“水俣病”危害了当地人的健康和家庭幸福，使很多人身心受到摧残，经济上受到沉重的打击，甚至家破人亡。更可悲的是，由于甲基汞污染，水俣湾的鱼虾不能再捕捞食用，当地渔民的生活失去了依赖，很多家庭陷于贫困之中。

日本在第二次世界大战后经济复苏，工业飞速发展，但由于当时没有相应的环境保护和公害治理措施，致使工业污染和各种公害病随之泛滥成灾。除了“水俣病”外，四日市哮喘病、富山“痛痛病”等都是在这一时期出现的。日本的工业发展虽然使经济获利不菲，但难以挽回生态环境的破坏和贻害无穷的公害病使日本政府和企业日后为此付出了极其昂贵的治理、治疗和赔偿的代价。

骨痛病事件

骨痛病是震惊世界的十大公害之一。此病患者最初是手脚、腰部、胸部和背部出现剧痛；严重时，肋骨、胳膊、腿骨、脊骨和骨盆等发生裂缝，咳嗽、打喷嚏都会震裂胸骨；最后骨骼软化萎缩，自然骨折，直至不能吃饭。许多患者都是在哭喊着“痛，痛”的惨叫声中衰竭死亡的。因此，骨痛病亦称“痛痛病”。

骨痛病主要发生在日本富山县神通川流域，大约在19世纪60年代以前就已开始，但大量发生而成为公害则在20世纪50年代。据日本厚生省骨痛病研究小组作出的结论，这是金属镉进入人体内引起的慢性中毒症。进入人体的镉，大量集中到肾脏后，使肾脏失去吸收磷和钙的功能。其结果，人体内含有的磷和钙就会逐渐减少，骨骼变酥，发生骨痛病所特有的病变——骨折。在此基础上，怀孕的妇女，由于胎儿大量从母体中吸收磷和钙等骨质成分，更加速了其病变过程。因此，妇女的发病率更高。患者致病的主要原因是长期饮用“镉水”或食用“镉米”及其他含镉的农作物。1931～1972年，共有280多名患者，死亡34人，成为轰动世界的“骨痛病”。

那么“镉水”和“镉米”是如何形成的呢？其祸根是位于神通川上游的三井神冈矿业所，该所将锌精炼工艺中排放出来的含镉废水直接排入了神通川，河流被镉污染了，河水变成了“镉水”；用“镉水”灌溉稻田，镉又污染了土壤，水稻生长在被镉污染的土壤里，于是就产出了“镉米”。神通川中游两岸地区的居民喝着“镉水”，吃着“镉米”，当体内镉含量蓄积到一定程度后便引起了镉中毒。其实，早在第二次世界大战中，神通川中游的水稻就受到了铅、锌、镉等重金属的污染。

由镉引起的人畜致病事件，在我国也曾发现，如在素有“桂林山水甲天下”“阳朔山水甲桂林”美名的阳朔漓江上游，有一个叫兴坪的小镇，那里的风景十分秀丽，故有“阳朔风景在兴坪”之说。就在这个风光如画的地方，前几年出现了一些奇怪的现象，如鸭子常下软蛋，耕牛站立不起，农民们常感到头痛，四肢疲软，全身酸痛等。后来查明，这是上游一个富含镉的铅锌矿在作怪。河水中的镉污染是人畜病因所在。

米糠油事件

1968年3月，日本的九州、四国等地区的几十万只鸡突然死亡。经调查，发现是饲料中毒，但因当时没有弄清毒物的来源，也就没有对此进行追究。然而，事情并没有就此完结，当年6～10月，有4家13人因患原因不明的皮肤病到九州大学附属医院就诊，患者初期症状为痤疮样皮疹，指甲发黑，皮肤色素沉着，眼结膜充血等。此后3个月内，又确诊了112个家庭325名患者，之后在全国各地仍不断出现。至1977年，因此病死亡人数达数十余人。

这一事件引起了日本卫生部门的重视，通过尸体解剖，在死者五脏和皮下脂肪中发现了多氯联苯，这是一种化学性质极为稳定的脂溶性化合物，可以通过食物链而富集于动物体内。多氯联苯被人畜食用后，多积蓄在肝脏等多脂肪的组织中，损害皮肤和肝脏，引起中毒。初期症状为眼皮肿胀，手掌出汗，全身起红疹，其后症状转为肝功能下降，全身肌肉疼痛，咳嗽不止，重者发生急性肝坏死、肝昏迷等，以至死亡。

专家从病症的家族多发性了解到食用油的使用情况，怀疑与米糠油有关。经过对患者共同食用的米糠油进行追踪调查，发现九州一个食用油厂在生产米糠油时，因管理不善，操作失误，致使米糠油中混入了在脱臭工艺中使用的热载体多氯联苯，造成食用油污染。由于被污染了的米糠油中的黑油被用作了饲料，还造成数十万只家禽的死亡。这一事件的发生在当时震惊了世界。

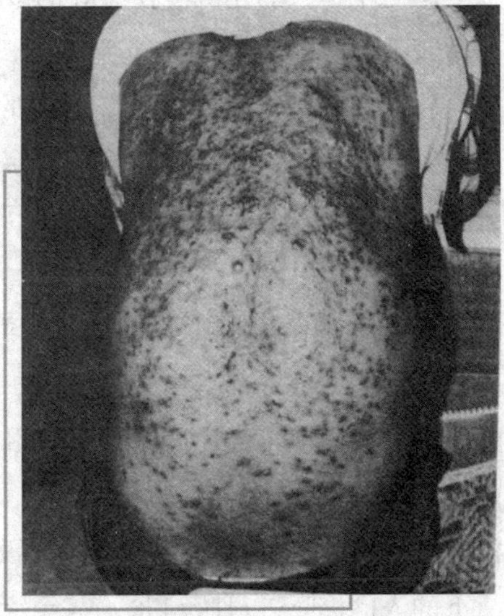

多氯联苯中毒

在米糠油事件调查中，采用了环境流行病学调查法中的病例对照调查法，即随机选出与米糠油事件受害者性别、年龄条件一致、住在同处的未患病者作为对照组，对患者组和对照组食用油脂的情况进行了调查，食用天然黄油、人造黄油、猪油的患病家庭和对照组家庭的百分比没有差别，食用菜籽油或其他食用油的对照组比患者组多，食用米糠油的患者组则比对照组多得多。通过环境流行病学的回顾性调查，终于查明在米糠油生产过程中的多氯联苯污染是米糠油事件发病的主因。

第二次世界大战后的最初 10 年可以说是日本的经济复苏时期。正是由于这种急功近利的态度，20 世纪初期发生的世界 8 件重大公害事件中，日本就占了 4 件，足见日本当时环境问题的严重性。

博帕尔事件

1984 年 12 月 2 日午夜到 12 月 3 日凌晨，印度博帕尔市，大地笼罩在一片黑暗之中，人们还沉浸在美好的梦乡里。没有任何警告，没有任何征兆，一片“雾气”在博帕尔市上空蔓延，很快，方圆 40 平方千米以内 50 万人的居住区已整个儿被“雾气”形成的云雾笼罩了。人们睡梦中惊醒并开始咳嗽，呼吸困难，眼睛被灼伤。许多人在奔跑逃命时倒地身亡，还有一些人死在医院里，众多的受害者挤满了医院，医生却对有毒物质的性质一无所知。

多年后，有人这样写道：“每当回想起博帕尔时，我就禁不住要记起这样的画面：每分钟都有中毒者死去，他们的尸体被一个压一个地堆砌在一起，然后放到卡车上，运往火葬场和墓地；他们的坟墓成排堆列；尸体在落日的余晖中被火化；鸡、犬、牛、羊也无一幸免，尸体横七竖八地倒在没有人烟的街道上；街上的房门都没上锁，却不知主人何时才能回来；存活下的人已惊吓得目瞪口呆，甚至无法表达心中的苦痛；空气中弥漫着一种恐惧的气氛和死尸的恶臭。这是我对灾难头几天的印象，至今仍不能磨灭。”

混乱，从最一开始就是灾难的一部分。那时，Swaral Puri 任博帕尔警察局局长，他回忆说：“1947 年印度分治惨案发生的时候，我并不在场。但是，我听说了那个故事：人们只是惊惶的四处逃命。我在博帕尔看到的这一幕着实可以和那时候的那种惊慌混乱相比了。”

“空气中弥漫着剧毒气体。虽然实际上人们都是朝相反的方向跑的。但是我还是跑向杀虫剂厂。大概是晚上 12 点我到了工厂，我问那里的工作人员泄漏的是什么气体，用什么方法可以解毒。但是他们没有回答我的任何问题。直到凌晨 3 点的时候，才有人从工厂来到警察局告诉我那种泄漏的气体是异氰酸钾。我从日常记录簿上撕下来一张纸，把这几个字写在上面。我现在还保存着这张纸，留作纪念。”

到灾难发生的第三天，统计数据显示，中毒死亡人数已达 8000，受伤人数达500000。事件还造成122例的流产和死产，77名新生儿出生不久后死去，9名婴儿畸形。19年后，死亡人数已升至20000。此次灾难成为迄今为止世界上最严重的中毒事件。

到底是什么气体能够含有如此剧毒，导致如此惨重之后果？一连串的证据表明，这个事件跟美国联合碳化公司印度公司设在博帕尔市的一个杀虫剂工厂有关。

危险是在灾难发生的前一天的下午产生的。在例行日常保养的过程中，由于该厂维修工人的失误导致了水突然流入装有异氰酸钾气体的储藏罐内，生成了一种极其危险的不稳定的混合物。其实，储藏罐内的异氰酸钾气体储量本身就值得怀疑。“异氰酸钾是一种化学过渡态物质，每个人都知道储藏它意味着要面临很大的危险。所以没有人敢管理大量的异氰酸钾气体，也没有人敢长时间的储藏它。”事发当晚负责交接班工作的Shakeel Quereshi说：“公司在管理这种放射性气体的时候太过于自负了，它从来没有真正地担心这种气体有可能引发的一系列的问题。”而据调查，事实是，当时公司在杀虫剂销售方面出现了一些问题，于是尽力削减安全措施方面的开支。在常规检查的过程中出现险情时，杀虫剂厂的重要安全系统或者发生了故障或者被关闭了。

而且，在事发之后，该工厂仍没有向市民提供逃生信息；他们对市民的生命有着惊人的漠视。尽管向警察报告情况花了3个小时的时间，工厂的管理者仍有足够的时间把所有的工人转移到安全地带。“没有一个从工厂逃出来的人死亡，原因之一就是他们都被告知要朝相反的方向跑，逃离城市，并且用蘸水的湿布保持眼睛的湿润。”Shakeel Quereshi说。但是当灾难迫近的时候，公司却没有对当地居民作出任何警告，当致使气体（包括异氰酸钾、氰化氢和其他毒气）从储藏罐中泄漏出来的时候，他们没有给予博帕尔市民最基本的建议——不要惊慌，要待在家里并保持眼睛湿润。雪上加霜的是公司迅速决定把灾难的严重性和影响故意说得轻微些，想以此来挽回形象。灾难过后的几天，联合碳化公司的健康、安全和环境事务的负责人捷克森布朗宁仍旧把这种气体描述为“仅仅是一种强催泪瓦斯”。甚至在灾难已造成的后果——几千人死亡，更多人将一生被病魔缠绕——被公布后，公司还是继续着相同的做法。据悉，当时这个工厂泄漏了40吨的剧毒气体。

事发后的救助也不能说是成功的，当时唯一一所参加救治的省级医院是海密达医院。该医院的Satpathy医生对20000具受难者的尸体进行了尸体解剖，结果表明："从气体中毒者的尸体中我们可以找到至少27种有害的化学物质，而这些化学物质只可能来源于他们所吸入的有毒气体。然而，公司却没有提供任何信息说明该气体含有这些化学成分。"这位医生说，"即使在今天也没有人知道正确治疗异氰酸钾气体中毒的方法""由于公司处理这种气体已经有数十年的时间了，联合碳化公司有责任向公众和医疗组织建议治疗异氰酸钾气体中毒的一系列措施。但是我们没有收到任何由该公司提供的关于治疗措施的信息"。公司的调查信息，包括1963年和1970年在美国卡内基美隆大学进行的调查信息，都被视为"商业秘密"而一直没有公开。

幸存者也并不是幸运者，大多数的幸存者都注定要面临早逝的悲惨命运，他们的肺部损坏无法修复，失去了工作能力，只有最微薄的救济金。而这些遗留下来的有毒的化学物质正影响着他们后代的健康。

核泄漏事件

切尔诺贝利核电站位于基辅市北130千米的地方，是苏联1973年开始修建，1977年启动的最大的核电站。

1986年4月25日，切尔诺贝利核电站的4号动力站开始按计划进行定期维修。然而由于连续的操作失误，4号站反应堆状态十分不稳定。1986年4月26日对于切尔诺贝利核电站来说是悲剧开始的日子。凌晨1点23分，两声沉闷的爆炸声打破了周围的宁静。随着爆炸声，一条30多米高的火柱掀开了反应堆的外壳，冲向天空。反应堆的防护结构和各种设备整个被掀起，高达2000℃的烈焰吞噬着机房，熔化了粗大的钢架。携带着高放射性物质的水蒸气和尘埃随着浓烟升腾、弥漫，遮天蔽日。虽然事故发生6分钟后消防人员就赶到了现场，但强烈的热辐射使人难以靠近，只能靠直升飞机从空中向下投放含铅（Pb）和硼（B）的沙袋，以封住反应堆，阻止放射性物质的外泄。

切尔诺贝利核电站事故带来的损失是惨重的，爆炸时泄漏的核燃料浓度高达60%，且直至事故发生10昼夜后反应堆被封存，放射性元素一直超量释放。事故发生3天后，附近的居民才被匆匆撤走，但这3天的时间已使很多人饱受了放射性物质的污染。在这场事故中当场死亡2人，至1992年，已有7000多人死于这次事故的核污染。这次事故造成的放射性污染遍及苏联15万平方千米的地区，那里居住着694.5万人。由于这次事故，核电站周围30千米范围被划为隔离区，附近的居民被疏散，庄稼被全部掩埋，周围7千米内的树木都逐渐死亡。在日后长达半个世纪的时间里，10千米范围以内将不能耕作、放牧；10年内100千米范围内被禁止生产牛奶。不仅如此，由于放射性烟尘的扩散，整个欧洲也都被笼罩在核污染的阴霾中。临近国家检测到超常的放射性尘埃，致使粮食、蔬菜、奶制品的生产都遭受了巨大的损失。核污染给人们带来的精神上、心理上的不安和恐惧更是无法统计。事故后的7年中，有7000名清理人员死亡，其中1/3是自杀。参加医疗救援的工作人员中，有40%的人患了精神疾病或永久性记忆丧失。时至今日，参加救援工作的83.4万人中，已有5.5万人丧生。

核泄漏后的切尔诺贝利

核电虽然是目前最新式、最“干净”，且单位成本最低的一种电力资源，但由于可能的核泄漏事故造成的核污染却也给人类带来了前所未有的灾难。迄今为止，除了切尔诺贝利核泄漏事故以外，英国北部的塞拉菲尔核电站、美国的布朗斯菲尔德核电站和三里岛核电站都发生过核泄漏事故。除此之外，在世界海域还发生过多次核潜艇事故。这些散布在陆地、空中和沉睡在海底的核污染给人类和环境带来的危害远不是报道的数字能够划上句号的，因为核辐射的潜伏期长达几十年。

莱茵河事件

1986年11月1日深夜，瑞士巴富尔市桑多斯化学公司仓库起火，装有1250吨剧毒农药的钢罐爆炸，硫、磷、汞等毒物随着百余吨灭火剂进入下水道，排入莱茵河。警报传向下游瑞士、德国、法国、荷兰四国835千米沿岸城市。剧毒物质构成70千米长的微红色飘带，以每小时4千米速度向下游流去，流经地区鱼类死亡，沿河自来水厂全部关闭，改用汽车向居民送水，接近海口的荷兰，全国与莱茵河相通的河闸全部关闭。翌日，化工厂有毒物质继续流入莱茵河，后来用塑料塞堵下水道。8天后，塞子在水的压力下脱落，几十吨含有汞的物质流入莱茵河，造成又一次污染。11月21日，德国巴登市的苯胺和苏打化学公司冷却系统故障，又使2吨农药流入莱茵河，使河水含毒量超标准200倍。这次污染使莱茵河的生态受到了严重破坏。

生物入侵

生物入侵的概念

“生物入侵”是指某种生物通过人类有意或无意的行为从甲地携入至乙地后，大量繁殖成为优势种，对当地生态系统造成一定危害的现象。外来生物在其原产地有许多防止其种群恶性膨胀的限制因子，其中捕食和寄生性天敌的作用十分关键，它们能将其种群密度控制在一定数量之下。因此，那些外来种物在其原产地通常并不造成太大的危害。但它们一旦侵入新的地区，失去了原有天敌的控制，其种群密度则会迅速增长并蔓延，很快成

危险性外来生物入侵示意图

为生态系统的优势种，改变食物链的组成与结构以及养分与气体循环和水与能量的供应，对依赖于活体资源的农业和其他行业构成威胁，对生态环境及结构带来极大的影响。外来入侵物种包括细菌、病毒、真菌、昆虫、软体动物、植物、鱼类、哺乳动物和鸟类等。

自然界中的生物经过千万年来的进化与演替，在原产地建立与环境和其他物种相适应的生物圈，构筑一个比较平衡、稳定的生态系统。由于自然界中海洋、山脉、河流和沙漠为物种和生态系统的演变提供了天然的隔离屏障，使不同地域之间的物种交流受到限制。近百年来，随着全球一体化进程的推进，国际交流的日益扩大，人类的作用使这些自然屏障逐渐失去它们应有的作用，外来物种借助人类的帮助，远涉重洋到达新的生境和栖息地，繁衍扩散，形成外来物种的入侵。生物入侵已成为当前最严重的全球性问题之一，严重威胁着当地乃至全球的生态环境和经济发展。

生物入侵的方式

自然界中存在的生物入侵，其过程相当缓慢。但是在人类的作用下，一个要经过上千年才可能发生的入侵便可以在一天之内完成。对外来物种入侵模式的研究发现，主要是通过有意识引种、无意识引种和自然入侵三种途径来实现入侵的。

自然入侵

自然入侵指完全没有人为影响的自然分布区域的扩展。通过风力、水流自然传入以及迁徙鸟类等动物传播杂草种子等，是自然入侵的主要途径。如薇甘菊可能通过气流从东南亚传入广东，稻水象甲也可能是借助气流迁飞到我国的。

无意引种

很多外来入侵生物是随人类活动而无意传入的。通常是随人或产品通过飞机、轮船、火车、汽车等交通工具，作为偷渡者或“搭便车”被引入到新的环境。随着国际贸易的不断增加，对外交流的不断扩大以及国际旅游业的快速升温，外来入侵生物借助这些途径越来越多地传入我国。①随人类交通工具进入。许多外来物种随着交通路线进入和蔓延，加上公路和铁路周围植被通常遭到破坏而退化，使得这些地方成为外来物种最早或经常出现的地方。如豚草多发生于铁路公路两侧，最初是随火车从朝鲜传入的；新疆的褐家鼠和黄胸鼠也是通过铁路从内地传入的。②船只携带。远洋货轮空载离岸时，需要灌注“压舱水”，异地装载时须排放“压舱水”，一灌一排，大量的生物随“压舱水”移居异地，由此引发海水污染和生物入侵。我国沿岸海域有害赤潮生物有16种左右，其中绝大部分是通过压舱水等途径在全世界各沿岸海域相互传播。③海洋垃圾。人类向海洋排放的废弃物越来越多，吸附在废弃垃圾上的漂浮海洋生物顺洋流向世界各地，进犯这些国家和地区，从而对入侵地的物种造成威胁。如海洋垃圾使向亚热带地区扩散的生物增加了1倍，在高纬度地区甚至增加了2倍多。④随进口农产品和货物带入，许多外来入侵物种是随引进的其他物种掺杂携入的。如大量杂草种子是随粮食进口而来，毒麦传入我国就是随小麦引种带入的，一些林业害虫是随木质包装材料而来。⑤随旅游者带入。随着国际旅游市场的开放，跨国旅游不断增加，通过旅游者异地携带的活体生物，如水果、蔬菜或宠物，可能携带有危险的外来入侵物种。我国海关多次从入境人员携带的水果中查获到地中海实蝇等。此外，也有一些物种可能是由旅游者的行李黏附带入我国的。

有意引种是人类为了某种目的引进新物种或品种，使某个物种有目的地转移到其自然分布范围及扩散潜力以外的地区。我国是一个深受外来物种侵害的国家，最根本的原因之一就是我国是一个引进国外物种最多的国家。我国引种历史悠久，从外地或国外引入优良品种更有悠久的历史。早期的引入常通过民族的迁移和地区之间的贸易实现。随着经济的发展和改革开放，几乎与养殖、饲养、种植有关的单位都存在大量的外地或外国物种的引进项目。由于过分相信“外来的和尚会念经”，我国在引种方面存在着一定的盲目性、无序性以及短视性，从而导致大量生物入侵事件的发生。在我国目前已知的外来有害植物中，超过50%的种类是人为引种的结果。

肥皂草

有意引种的目的多种多样，主要可以分为以下方面：①作为牧草、饲料或人类食物引进。如作为牧草、饲料引进的空心莲子草（又名水花生）、紫苜蓿、凤眼莲；作为蔬菜引进的番杏、尾穗苋、落葵；作为水果引进的番石榴、鸡蛋果；作为食用动物的大瓶螺、褐云玛瑙螺等。②作为观赏生物引进。猎奇心理使得人们不断从本地之外引进动、植物来作为观赏植物或宠物，当这些生物逃逸或被人们遗弃到野外时，就有可能成为危险的外来入侵物种，如加拿大一枝黄花、含羞草、红花酢酱草、食人鲳等。③作为药用植物引进。我国传统中医药绝大部分为中国原产，也有部分为外来物种，其中一些已经成为入侵种，如肥皂草、土人参、垂序商陆、洋金花等。④作为改善环境植物引进。如为了修复受损的环境，人类片面地看待外来物种的某些特点而引入一些危险的外来物种。如互花米草、薇甘菊等。

生物入侵对生态的危害

促进物种灭绝

外来入侵物种通过竞争或占据本地物种的生态位，排挤本地物种，成为优势种群，使本地物种的生存受到影响甚至导致本地物种灭绝。在全世界濒危物种名录中的植物，有 35% ~46% 是由外来生物入侵引起的。最新的研究表明，生物入侵已成为导致物种濒危和灭绝的第二位因素，仅次于生态环境的丧失。

互花米草入侵海岸湿地

我国 1979 年从美国引进了具有固沙促淤的互花米草，在福建沿海等地试种之后大规模推广。由于缺少天敌，互花米草在整个福建等地沿海地区大量蔓延，已成为沿海海滩的霸主，导致鱼类、贝类因缺乏食物大量死亡，水产养殖业遭受致命创伤，而食物链断裂又直接影响了以小鱼为食的岛上鸟类的生存，沿海滩涂大片红树林的死亡就是互花米草造成的恶果。

黑鱼，学名黑鳢，俗称为乌鱼。在中国，这只是一种普通的淡水鱼。但被无意带入美国后，却引起不小的恐慌，甚至被称为“地狱鱼”。由于黑鱼生性凶猛，大量捕食美国河流中的鱼类，而且繁殖力强，挤占本地水域中其他肉食鱼类的食物资源，使当地肉食性鱼类也受到威胁。据美国媒体的报道，在黑鱼灾害最严重的马里兰州，一些河流中原本繁盛的鲑鱼已经绝迹。

扰乱生态秩序

在自然界长期的进化过程中，生物之间相互制约、相互协调，将各自的种群限制在特定的栖息环境，形成了稳定的生态平衡。这种关系在一定的地域内是相对稳定的，但如果遭到“外来生物”的干扰，脆弱的平衡就会被破坏。外来入侵物种给当地生态系统带来灾难性影响包括：外来入侵物种抢占本地物种的生态位，导致本地物种失去生存资源而萎缩甚至是物种灭绝，从而改变生态系统的物种组成；外来入侵物种通过形成大面积优势群落，降低物种多样性，使依赖于当地物种多样性生存的其他物种没有适宜的栖息环境，使整个生态系统食物链结构被破坏，最终结果是生物多样性被破坏，物种单一化；外来入侵物种改变环境条件和资源的利用方式，使生态系统的能量流动、物质循环等功能受到影响。而结构与功能相对应，原本平衡的生态系统物种结构被破坏后，系统失衡，原本的生态功能丧失，如调节气候、保持土壤、涵养水分、维持营养物质循环、净化环境、维持生态的稳定等生态功能丧失，从而导致一系列的生态安全问题。

给人类和动植物健康带来危害

生物入侵不仅侵占本地物种的生态位，而且常常产生有毒有害物质，或者入侵者本身就是病毒，严重影响当地人类和其他动植物的健康。

画家笔下的欧洲鼠疫图

近几年来，严重影响国际经济的口蹄疫、疯牛病、禽流感等都是典型的生物入侵。进入21世纪，一系列的疫病开始在世界各地肆虐。首先是口蹄疫危机的爆发，在2001年一年内，英国共发现病例2030起，其间共有400多万头牲畜被屠宰，政府甚至动用了军队参与帮助屠宰和掩埋。2005年5月我国北京、山东、江苏等地部分地区相继发生了亚洲Ⅰ型口蹄疫疫情，政府及时启动防控口蹄疫应急预案，封锁疫区，扑杀牲畜，严格消毒，加强疫情监测，疫情才得到有效控制。2002年口蹄疫风波刚结束，欧洲乃至整个世界又陷入疯牛病旋涡中。疯牛病是人畜共患的疾病，到2002年2月，全球发现疯牛病死亡者为114例，患者121例，目前疯牛病的死亡率是100%。有专家认为，2020年疯牛病患者可达几十万人，有可能威胁人类生存。2004~2005年人禽共患的禽流感再次让人类恐慌，2005年7—11月，全世界已有超过1.4亿只的家禽染病死亡或遭扑杀，造成的经济损失高达100亿美元。世界卫生组织证实有125人染上禽流感，其中64人死亡。

除了疯牛病、口蹄疫外，古今中外由于有害生物危害人类健康和农业生物的安全，给人类带来的灾难都是十分沉痛的。5世纪下半叶，鼠疫从非洲侵入中东，进而到达欧洲，造成约1亿人死亡。麻疹、天花、淋巴腺鼠疫以及艾滋病严重影响人类健康的疾病，都是生物入侵的恶果。人类对热带雨林地区的开垦，为更多的病毒入侵提供了新的机会，其中包括那些以前

非洲大蜗牛

只在野生动物身上携带的病毒，使许多新的疾病在人类身上发生，如多年前袭击刚果等地的埃博拉病毒。

生物入侵除了直接导致人与动植物生存环境和健康遭受破坏外，有些外来入侵物种还通过释放有害物质来损害其他物种的健康。原产北美的豚草和三裂叶豚草现分布在我国东北、华北、华东、华中地区的15个省市。豚草的花粉是引起人类花粉过敏症的主要病原体，对人的健康危害很大，可造成过敏性哮喘、鼻炎、皮炎，每年同期复发，病情逐年加重，严重的会并发肺气肿、心脏病乃至死亡，这就是“枯草热”症。紫茎泽兰含有的毒素易引起马、羊的气喘病。

外来生物一旦入侵成功，即在本土快速生长繁衍，改变本土生态环境，危害本土的生产和生活，造成巨大的经济损失。要彻底根除这些入侵物种极为困难，而且用于控制其危害、扩散蔓延的代价极大，费用极为昂贵。

生物入侵给生态带来的危害主要是通过以下三种方式实现的：①与农业作物竞争生态位，带来疾病，增加生产成本，减少作物产量，带来直接经济损失。如水花生对水稻、小麦、玉米、红苕和莴苣5种作物全生育期引致的产量损失分别达45%、36%、19%、63%和47%。美洲斑潜蝇寄生在22个科的110种植物上，尤其是使蔬菜瓜果类受害严重，危害面积达100多万平方千米，每年防治斑潜蝇的费用需4.5亿元。松材线虫、湿地松粉蚧、松突圆蚧、美国白蛾、松干蚧等入侵害虫每年使150万平方千米左右的森林受灾。稻水象甲、美洲斑潜蝇、马铃薯甲虫、非洲大蜗牛等入侵害虫每年使140万~160万平方千米农田受灾。②外来入侵物种改变当地生境，带来一系列的间接经济损失，增加社会的生态成本。如水葫芦植株死亡后与泥沙混合沉积水底，抬高河床，使很多河道、池塘、湖泊逐渐出现了沼泽化，有的因此而被废弃，由此对周围气候和自然景观产生不利变化，加剧旱灾、水灾的危害程度；而且水葫芦植株大量吸附重金属等有毒物质，死亡后沉入水底，构成对水体的二次污染。③治理入侵带来的恶果需要大量的经济支出。逆转生物入侵带来的破坏，修复其生态损害需要相当大的经济支持，而且是一个漫长的过程。20世纪50年代我国大量引入的水葫芦疯狂繁殖，堵塞河道影响通航，严重破坏江河生态平衡，每年的打捞费用高达5亿~10亿元，造成经济损失近100亿元。

我国生物入侵的现状

我国南北跨度5500千米，东西距离5200千米，跨越50个纬度及5个气候带（寒温带、温带、暖温带、亚热带和热带），生态系统多样化程度很高，使得我国极易遭受入侵生物的侵害，来自世界各地的大多数外来物种都有可能在我国找到合适的栖息地。根据农业部公布的资料，截至目前，外来入侵物种在我国共有283种，对我国农林牧渔业和生态系统、物种资源造成的直接或间接经济损失达到1199.8亿元。世界自然保护联盟公布的世界上最坏的100种外来入侵物种，约有1/2入侵了我国。外来生物入侵我国主要呈现以下几个特点：

1. 入侵物种种类繁多。从脊椎动物（哺乳类、鸟类、两栖爬行类、鱼类）、无脊椎动物（昆虫、甲壳类、软体动物）、植物到细菌、病毒都能够找到例证。2000年的调查发现，我国外来杂草有108种，隶属23科，76属，其中被认为是全国性或是地区性的有15种；严重危害我国农林业的外来动物大约有40种，如原产于南美的福寿螺，原产于东非的非洲大蜗牛，原产于北美洲的麝鼠，原产于苏联的松鼠、褐家鼠和黄胸鼠，原产于南美洲的獭狸等；对农业危害较大的外来微生物或病害大概有11种，主要是水稻细菌性条斑病、玉米霜霉病、马铃薯癌肿病等。

玉米霜霉病

2. 入侵地域范围广。我国幅员辽阔，几乎每个省市都有外来入侵物种的身影。在北京已知的外来入侵物种大约有56种，其中植物大约有36种，动物至少在20种以上。如火炬树、福寿螺、小龙虾、美国白蛾等。重庆区域内外来生物主要有紫茎泽兰、福寿螺、水花生等，其中以紫茎泽兰、福寿螺最具危险性。

3. 受损生态系统多。几乎所有的生态系统，从森林、农业、水域、湿地、草原、城市居民区等都可见到。其中以低海拔地区及热带岛屿生态系统的受损程度最为严重。

4. 环境、经济、生态受损严重。造成生态系统、物种和遗传资源等方面的间接经济损失每年都高达千亿元，其中对生态系统造成的经济损失每年就达900多亿元。这些外来入侵物种每年对我国有关行业造成的直接经济损失为200亿元左右，其中以农林牧渔业的损失最大，约160亿元，人类健康损失30亿元左右。更为严重的是，外来入侵物种对我国生态系统的健康构成严重威胁，使生态系统的结构和功能完整性遭到严重破坏，从而威胁物种多样性，导致局部种群消亡等。在我国许多地方停止原始森林砍伐，严禁人为进一步生态破坏的情况下，外来入侵物种已经成为当前生态退化和生物多样性丧失等的重要原因，特别是对于水域生态系统和南方热带、亚热带地区而言，这种损害已经上升为第一位重要的影响因素。

物质循环与环境问题

有毒有害物质的循环

有毒有害物质是指被排放到环境中而对自然生态系统和人类健康产生毒害作用的物质。包括难降解的有机化合物，如农药、化工废水废渣中的有机化合物；重金属元素，如砷（As）、铬（Cr）、镉（Cd）、铅（Pd）、汞（Hg）、铜（Cu）等；放射性元素，如由核武器、核电站爆炸释放到环境中的铯（^{90}Sr）、锶（^{137}Cs）等放射性元素。

由于工农业的发展，人类向环境中排放的有毒有害物质与日俱增，这些物质一旦进入生态系统，便立即进入食物链，参与物质循环。所不同的是大多数有毒物质，尤其是人工合成的难降解大分子有机化合物和不可分解的重金属元素，在生物体内能不断富集、浓缩。所谓食物链的富集作用又称生物放大作用，是指有毒物质沿食物链各营养级传递时，在生物体内的残留浓度不断升高，表现在越是上面的营养级，生物体内有毒物质的残留浓度越高的现象。人类与动物在食物链中处在最高营养级，有毒物质进入生态系统，首先污染初级生产者，然后顺着食物链传递，到达动物与人体内，由于生物放大作用，有毒物质在动物和人体的浓度比环境及初级生产者中高出许多倍，造成了严重的污染，带来了灾难。生物对有毒物质的富集作用是普遍存在的。

环境污染与食物链的生物浓缩有着直接的联系。前面提到的 1953 年，日本九州鹿儿岛的水俣市出现了病因不明的“猫舞蹈症”并导致很多人患上了“水俣病”。1965 年查明，“水俣病”是由该市 60 千米外的阿贺野川上游昭和电气公司排出的含汞废水引起的。一部分汞被硅藻等浮游生物吸收，再转入食硅藻的昆虫体内，这些小昆虫死亡，被活动在水底层的石斑鱼吞食，汞再一次从昆虫转入石斑鱼体内，石斑鱼被肉食性的鲟鱼、鲶鱼吞食，汞经过食物链逐级富集，最后鲶鱼体内含汞量达 10~20 毫克/千克，最高达 60 毫克/千克，这一浓度比最初排出的含汞废水中的汞浓度高 1 万~10 万倍。当地人长期食用高汞的鱼和贝类，汞在人体大量积累，当脑中质量浓度高达 20ppm（ppm 为毫克/千克）即可能发病，出现中枢神经被破坏的水俣病症状。

有机农药使用的历史虽不长，但它的污染已发展为世界性的环境污染，人类处于食物链的顶端，农产品与人类健康关系最为密切，研究农田农药污染及农药残毒在农产品中的浓缩作用，对于人类的健康有重要意义。如六六六、DDT 和有机氯农药在污染中的富集作用是惊人的。六六六粉在大气环境的浓度仅为 0.000003ppm，是非常轻微无害的，但当其溶于水后，为浮游生物所吸收，在浮游生物体内的浓度可以增到 0.04ppm，富集了 1.3 万倍。小鱼吞食这种浮游生物之后，其小鱼体内的浓度可以增高到 0.5ppm，富集了 14.3 万倍。大鱼吞食了这种小鱼后，大鱼体内的六六六浓度可以增高到 2.0ppm，富集了 57.2 万倍。如果水鸟吃食了大鱼之后，水鸟体内的浓度又可增加到 25.0ppm，富集了 858 万倍。人体的富集能力更强，可能不止几百万倍，而是几千万倍，因而发生公害病的危险性非常大。农药等有毒物质的富集，成为各种各样公害病的根源。

放射性核素循环污染

在自然界和人工生产的元素中，有一些能自动发生衰变，并放射出肉眼看不见的射线。这些元素统称为放射性元素或放射性物质。在自然状态下，来自宇宙的射线和地球环境本身的放射性元素一般不会给生物带来危害。20 世纪 50 年代以来，人的活动使得人工辐射源和人工放射性物质大大增加，环境中的射线强度随之增强，危及生物的生存，从而产生了放射性污染。放射性污染很难消除，射线强度只能随时间的推移而衰减。

放射性污染主要来源于核武器试验，核工业的放射性废物排放，各种核事故泄漏，以及各种带辐射源的装置，如X射线源和电视机显像管等。

1945年美国在日本的广岛和长崎投放了两颗原子弹，使几十万人死亡，大批幸存者也饱受放射病的折磨。大气核试验，使大量的放射性沉降物污染了大气、地面和海洋。核电站在核燃料的生产、使用和回收过程中产生出大量的放射性废物。还有核潜艇事故、携带核弹的飞机失事、用核电源的人造卫星坠入大气层等事件，同样会造成核污染。

环境中的放射性物质可以由多种途径进入人体，它们发出的射线会破坏机体内的大分子结构，甚至直接破坏细胞和组织结构，给人体造成损伤。高强度射线会灼伤皮肤，引发白血病和各种癌症，破坏人的生殖机能，严重的能在短期内致死。少量累积照射会引起慢性放射病，使造血器官、心血管系统、内分泌系统和神经系统等受到损害，发病过程往往延续几十年。

放射性污染问题早为人们所关注。放射性物质像许多有毒物质一样，可被生物吸收、积累。元素的同位素物质可散发射线的称为放射性核素或放射性同位素。放射性的辐射源有天然和人工两大类。天然的辐射源来自宇宙射线、土壤水域和矿床中的射线，如岩石和土壤中含有铀（U）、钍（Th）、锕（Ac）三个放射系。人工的辐射源主要是医用射线源、核武器试验及原子能工业排放的各种放射性废物。放射性核素有：锌（^{65}Zn）、锶（^{90}Sr）、铯（^{134}Cs）、碘（^{131}I）、磷（^{32}P）等。有些元素经过裂变或聚变，仅在几秒钟之内便能产生巨大能量，如铀、钚和氢的同位素氘、氚。有些并不裂变的放射性同位素，如碳、锌和磷等在示踪研究中有重要的意义。

和人类生存环境中的其他污染相比，放射性污染有以下特点：

1. 一旦产生和扩散到环境中，就不断对周围发出放射线，永不停止。其半衰期即活度减少到一半所需的时间从几分钟到几千年不等。

2. 自然条件的阳光、温度无法改变放射性同位素的放射性活度，人们也无法用任何化学或物理手段使放射性同位素失去放射性。

3. 放射性污染对人类作用有累积性。放射性污染是通过发射α、β、γ

或中子射线来伤害人，α、β、γ、中子等辐射都属于致电离辐射。

4. 放射性污染不像化学污染，放射性污染的辐射，哪怕强到直接致死水平，人类的感官对它都无任何直接感受从而不能采取躲避防范行动，只能继续受害。

放射性核素可在多种介质中循环，并能被生物富集。不论裂变或不裂变，通过核试验或核作用物都进入大气层。然后，通过降水、尘埃和其他物质以原子状态回到地球上。人和生物既可直接受到环境放射源危害，也可因食物链带来的放射性污染而间接受害。放射性物质由食物链进入人体，随血液遍布全身，有的放射性物质在体内可存留 14 年之久。

陆地生态系统放射性核素主要来自大气颗粒的沉降以及液体和固体的废弃物。生态系统中的植物通过叶子在大气中既可拦截污染颗粒，又可吸收放射性核素。植物还可以从土壤、落叶层中吸收放射性核素。从植物开始，放射性核素通过食物链在生态系统中迁移。例如，锶（^{90}Sr）和铯（^{137}Cs）是生物地化循环中最为重要的两种放射性物质。放射性锶与稳定性元素钙的化学性质类似，与钙一起参与骨组织的生长代谢。

放射性核素对水域生态系统的污染大都是来自核电站排出的废物。进入水中的放射性物质成为水底的沉积物，并在淤泥和水之间不断循环。有些沉积物会被底栖动物和鱼类所吞食。某些海产动物，如软体动物能富集锶（^{90}Sr）；牡蛎能富集大量锌（^{65}Zn）；某些鱼类能富集铁（^{55}Fe）。在食物链中，放射性核素浓度一般随营养阶层增高而增加。

各种放射性核素在环境中经过食物链转移进入人体后，其放射线对机体产生持续照射，直到放射性核素蜕变成稳定性核素或全部被排出体外为止。就多数放射性核素而言，它们在机体内的分布是不均匀的。因此，常可观察到一定剂量下某些器官的局部效应。

生物地化循环损害人体健康

微量元素与地方病

微量元素是指在生物体内含量为1‰以下，但对生命起重要作用的特定元素，迄今已确认的 14 种微量元素为：铁（Fe）、碘（I）、铜（Cu）、锰（Mn）、锌（Zn）、钴（Co）、硒（Se）、铬（Cr）、锡（Sn）、钒（V）、氟（F）、镍（Ni）、硅（Si）、钼（Mo）。地方病亦称生物地球化学性疾病，是指在自然环境中由于地壳元素分配的不均匀、个别微量元素的含量超过或低于一般含量而直接或间接引起生物体内微量元素平衡严重失调时产生的特殊性疾病。它有以下三个特征：①发生在某一特定地区，同一定的自然环境有密切的关系。②通常由微量元素失衡引起并在一定地域内流行，年代比较久远。③有相当数量的患者表现出共同的甚至奇异的病症。

从环境地质学角度来看，地方病是由于地壳中元素分布不均匀，某些地区某种或某些元素严重不足或显著偏高所造成的。我国是一个地方病流行较严重的国家。地方病分布广、病情重、受威胁人口多，不仅严重危害了病区人民的健康，而且阻碍着当地经济的发展。目前，我国主要的地方病有地方性缺碘病、地氟病、地方性硒中毒、克山病、大骨节病等，它们在时空上的分布与地质环境中的地形地貌、地质构造、地层岩性、土壤、水（地表水、地下水）等因素密切相关。

碘元素缺乏症

碘是人体必需的微量元素，人体缺碘会引起甲状腺肿大、智力下降等一系列严重后果。而缺碘症是流行广、危害大、受害人数多的一种病症。缺碘症影响到甲状腺激素的形成，影响到脑神经元的发育，影响到体格的发育和基础的代谢。碘由陆地随水进入海洋，由海洋逸出进入大气，再通过降水进入陆地，形成一个大循环。陆地生态系统中植物直接从水中、土壤中吸收碘，而动物则从植物和水、空气中获得碘；海洋生态系统中，浮游生物直接从海水和淤泥中获得碘，鱼虾、浮游动物则从水生生物中取得碘；人类则既可从动、植物中，又可直接从水中和空气中获得碘。当然不论是海洋或陆地产的动植物都要从外界获得碘。所有生物中的碘，最终都要返回土壤、海洋中，由微生物分解成元素碘，继续被植物吸收利用。

地方性硒中毒

硒是机体必需的微量元素，具有重要的生理功能，能防止多种疾病的发生。由于环境和区域的不同，硒的分布极不均匀，含量差异很大。但硒的摄入过多或过少都会对人体造成伤害。克山病和大骨节病都是缺硒引起的流行性地方病，而蹒跚病和碱毒病是由于土壤、饮水、食物中硒含量过高引起的地方性硒中毒，也是世界流行病。

硒矿质料

硒是类金属元素，硒化合物一般有 -2、0、+4、+6 等 4 种价态。硒在地表土壤中的分布呈现地带性差异，据 20 多个国家报道可以看出，在地球的南北半球各有一条大致 30°以上的中高纬度的缺硒分布带。在我国由东北向西南有一低硒带。克山病和大骨节病即流行于这一地带。土壤中平均含硒量约为 0.1 毫克/千克。

硒在天然水中以 Se^{0}、Se^{2-}、Se^{4+}、Se^{6+}状态存在。地表水和地下水的硒平均变动范围在 0.1 ~400 微克/升，主要决定于地质结构的特征。地表水的硒含量受酸碱度的影响很大。土壤中的硒以亚硒酸铁形态束缚存在，一般累积在富铁层中。在富含有机质和腐殖质的土壤中易积累硒。硒氧化成比较易溶的硒酸。由于淋溶作用硒可从土中排出。灌溉水中增加微量的硒，可明显提高植物各部分的含硒量。农作物、牧草等都对硒有一定的富集作用。在生物体内的硒都是以有机物——硒蛋白质的形式存在。将硒蛋白质水解证实硒主要以硒代半胱氨酸形式存在。

人体中硒的水平决定于硒在摄入食物中的含量及其存在形式。硒化合物经消化管进入机体后都易被吸收。吸收的硒广泛分布于体内，在肝和肾中可富集，在脾、肺、心肌、骨骼肌和脑中的含量依次递减，脂肪中几乎无硒。

人和动物的食物缺硒时，体内含硒的谷胱甘肽过氧化物酶活性低；脂质过氧化物增多；生物膜磷脂中不饱和脂肪酸类，易被过氧化成脂质过氧化物，从而造成细胞内损伤。补硒则是起到清除过氧化物和自由基的作用。

化学农药与物质循环

人类从20世纪40年代起开始使用农药除虫除草，每年挽回农业总产量15%左右的损失。但是，由于长期滥用农药，使环境中的有害物质大大增加，危害到生态和人类，形成农药污染。造成污染的农药主要是有机氯农药，含铅（Pb）、砷（Se）、汞（Hg）等物质的金属制剂，以及某些特异性除草剂。

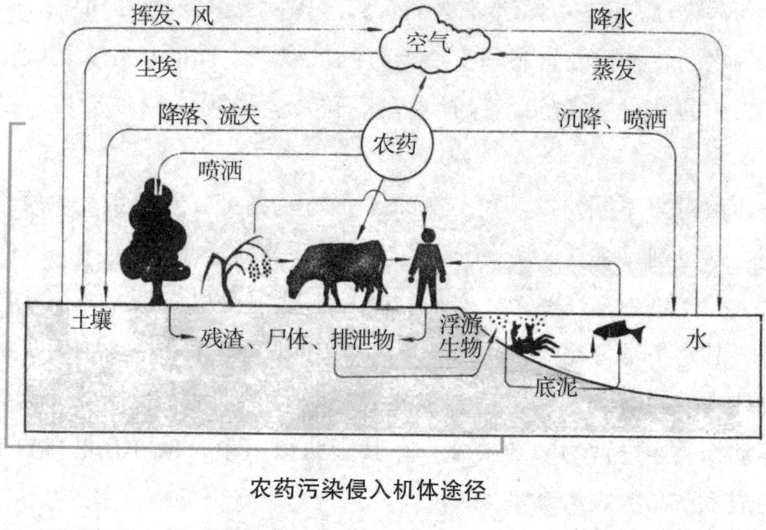

农药污染侵入机体途径

有机氯农药，如六六六、DDT等，稳定性强，不易分解，大量施用不仅直接造成对作物的污染，同时农药残留在水、土中，通过食物进入人体，危害健康。有机氯农药的化学性质非常稳定，在生物体内不易分解，它通过食物链进入人体后，在人体中日积月累，而人体又不能通过新陈代谢把它排出体外，因此，人体中的有机氯农药含量会越来越高，达到一定程度就会发生中毒。有机氯农药由于具有不易分解的稳定性，已经污染了地球上的每一个角落，连南极大陆的企鹅体内也已发现有机氯农药。

金属制剂的危险性也很大。喷洒过汞制剂的粮食、水果、蔬菜中都含有汞，可直接引起食物中毒。除草剂和杀菌剂本身的毒性往往不大，但它们分解后的产物有剧毒，因此危害也相当严重。

多数农药对人和动物有毒害，大量接触以及误食后会造成急性中毒和死亡。据世界卫生组织报道，发展中国家的农民由于缺乏科学知识和安全措施，每年有200万人农药中毒，其中有4万人死亡，平均每10分钟有28人中毒，每17分钟有1人死亡。而这还不包括因农药污染而导致死胎、致癌、流产的受害者。根据对68个国家的调查，急性中毒的人有93%是由有机氯、有机磷和汞制剂等农药所引起。

少量农药在人体内的积累引起的慢性中毒也不可忽视。

农药污染已在许多国家造成公害。许多国家已禁止使用DDT、狄氏剂、氯制剂等农药，并积极研制和生产低毒高效农药，同时讲究农药使用的科学性，大力提倡生物防治，保护益鸟、益虫，做到“以鸟治虫、以虫治虫”。

按防治对象不同，农药可分为杀虫剂、杀菌剂、除草剂、杀螨剂、杀线虫剂、杀鼠剂、杀软体动物剂和植物生长调节剂等。

在农业土壤中，许多无脊椎动物能从土壤中摄取农药，并在体内组织中富集，其富集量可比周围土壤高若干倍，以这些无脊椎动物为食的动物又将其体内农药继续累积，达到致死或影响其正常活动的含量。同时，许多高等动物，通过食物链的传递，在其脂肪组织中，也可有很高的农药残留，造成畜产品的农药残留。

植物能吸收土壤中的残留农药，也能直接吸收喷施其表面的农药，在足够量的情况下，其吸收速度随植物和农药的种类不同而不同。在不同性质的土壤中，植物对农药的吸收能力也有所差异。如在沙土中农药最易被作物吸收，而有机质含量高的腐泥土中，农药不大容易为作物吸收。一般来说，非极性农药可通过植物根表面吸收，而极性化合物易通过表皮输送给植物。农药在植物中的聚积决定于农药中残留物的含量以及接触的时间。

在生物传播农药的过程中，生物富集（生物放大作用）使农药在动、植物体内积累大大增加。

农药在生物体的富集，使在食物链中高营养级生物，如捕食性鱼类、鸟类和野生动物，因农药残留量的大量积累，引起死亡率升高和繁殖率降低，以致种群减少；至于处于低营养级的动物，因残留量较低或对化学农药具有抗性而得以继续生存，并且由于打破了自然界的相互制约作用，就可能得到大发展，从而破坏生态系统的自然平衡，使农业次要害虫上升为主要害虫，以及害虫抗药性增强等。

农药污染水域

农药通常是通过饮食、接触和呼吸3个途径进入人体。由于人类食用的各种食品普遍受到农药污染，因此，农药通过生物进入人体是主要途径，其余的通过饮水和呼吸。当皮肤接触某些农药时，也可通过皮肤渗透进入人体。化学农药会引起人体的急性中毒、亚急性中毒或慢性中毒，而且会引起人体的致癌、致畸、致突变等问题。

目前，世界上每年都有上百万吨化学农药喷洒到自然环境中去。散布在农作物上的农药，10%～20%附着在农作物上，其余40%～60%的药剂降落在地面上，有5%～20%的药剂飘浮在空气中。部分蒸发的农药气体和附着于尘埃微粒上的农药可随气流上升，随风飘向各地。附着于作物表面及土壤中的农药，其中一部分被植物吸收，只有很少部分残留在植物表面，大部分因风吹雨淋而被冲刷到地面或流入江、河、湖、海，造成大气污染、水体污染、土壤污染和食品污染，并最终影响动、植物和人类健康。

化学肥料与物质循环

多年来，各国的农业生产实践已证明，施用化肥能直接提供养分被作物吸收利用，使作物产量增加；还能丰盈土壤中养分的贮备，提高有机质含量，改善土壤理化性质，增强土壤供肥能力；增加生态环境中养分的循环量，保持农业生态系统的物质平衡。纵观粮食生产，农业发展的历史，可以毫不夸张地说，化肥是粮食增产最重要的手段之一。美国田纳西州流域管理局估计，化肥对美国作物增产的作用为37%。第六届国际肥料会议报道，荷兰、比利时、英国、法国、丹麦等西欧国家，由于使用化肥，农产品总量增加40%～65%。FAO指出，1965～1976年，发展中国家靠使用化肥提高的产量占55%。1977～1979年与1961～1963年相比，世界谷物产量增加1.4倍，其中发达国家、发展中国家的粮食单产分别增加1044千克/公顷（100%）、588.75千克/公顷（56%），与这些国家间化肥施用的平均水平差异完全一致。我国在1950～1983年间，粮食产量与化肥用量也呈现正相关。

增施化肥固然是增产的物质基础和重要条件，但并非唯一的条件。单位面积产量也不可能随着肥料用量的增加而无限制地按比例增加。盲目地、过量地增施化学肥料，超过作物的需要和土壤的负荷能力，或者施用不当，使作物吸收量少，肥料利用率低，不仅造成了肥料的浪费，影响作物的品质，而且污染了环境，给生态系统和人类健康带来危害。

长期大量施用化肥而不配合施用有机肥料会使土壤性质变坏。例如，长期施用氮肥会使土壤逐步酸化，连续7年就可使土壤酸碱度从6.9下降到6.1。随着土壤的酸化，土壤中有机质迅速矿化分解，有机质含量大大减少从而引起土壤板结，土壤结构遭到破坏，土壤理化性质变坏，硝酸盐积累增加而土壤自净能力下降。美国堪萨斯州立大学实验室研究证明，在施用氮肥的影响下，土壤酸度增加，活性铝、镁的含量也增加。施肥土壤与不施肥土壤相比，钙（Ca）的淋溶量增加了1~3倍，镁（Mg）增加了1倍。在施用氮肥的条件下，镁（Mg）的淋溶加速，以及土壤溶液中钾（K）/[钙（Ca）-镁（Mg）]比例的变化，可以使牧场家畜发病。

磷肥及各种复合肥料含有一定量的重金属元素，如果长期大量使用，会对环境造成危害。例如，磷肥的主要原料是磷灰石的矿物，这种矿物含有多种微量元素及有毒重金属元素。当然，磷矿产地不同，各种元素的含量也不同，用它们为原料制成的各种磷肥就不同程度地含有这些元素。对于我国各地磷肥测定结果，重金属含量一般为每千克几至几百毫克，只有钙镁磷肥含铬 Cr^{3+} 较高，为1000~1800毫克/千克。据日本分析，砷在磷矿石中平均含量为24毫克/千克，而在过磷酸钙中为104毫克/千克，在重过磷酸钙中则增至273毫克/千克。镉在磷肥中的含量为10~20毫克/千克，按磷肥用量计算，长期用磷肥的土壤，镉的积累可能产生问题。汞在肥料中含量在0.5毫克/千克以下，由施肥引起的汞的积累问题极少。铅在磷矿中平均含量为17毫克/千克，但随磷肥施用进入土壤的铅被植物吸收得少。

国内外学者经过近20年来的研究，已明确氮和磷素营养含量的增加是水体富营养化现象发生的主要原因。据有关资料报道，每增殖1克藻类，大约需要消耗0.009克磷（P），0.063克氮（N），0.07克氢（H），0.35克碳（C）和0.496克氧（O）以及少量的其他微量元素。通常情况下，自然界水体中碳、氢、氧等元素来源广泛，可满足水域中藻类生长的需要，而氮、磷的多寡，则往往成为水体中藻类能否大量繁殖的限制性因子。其中由于氮的移动性大，来源较充足，因而只有在某些少数场合下，才起主导作用。大多数情况下，富营养化的主要限制因子是磷。磷在农业环境中的流失量虽然不大，但当水体中含氮量充分时，磷（PO_4^{3-}）浓度达到0.015ppm，就可能引起水体富营养化现象发生。大面积的农业环境中流失的磷量汇集到相对小面积的承受水面时，这种流失量就不可忽视了。氮素对水体的主要补给途径是通过淋溶到地下水补给，而磷素则主要通过地表径流、水土流失补给。可以说，地表径流造成的磷流失量（即磷的非点源污染）是造成水体富营养化的主要原因之一。

植物是通过根部从土壤吸收氮素的，大部分为硝态氮，一部分为铵态氮，除水稻外，大多数植物吸收以硝态氮为主要形态。硝酸根离子进入植物体后迅速被同化利用，所以积累的浓度不高，一般在100毫克/千克以内。但如施氮肥过量就会发生硝酸盐积累，有时可达1%以上的高浓度，含高浓度硝酸盐的植物被动物食用后，则由硝酸盐或由硝酸盐产生的亚硝酸盐对动物发生危害。亚硝酸盐毒性远较硝酸盐大。动物摄入硝态氮后，一般90%从尿中排出，毒性不强。由于人胃构造上的原因和胃液酸度的关系，硝酸盐不易表现毒性，但对婴儿并非如此。饮用1L硝态氮浓度为10毫克/千克的水，就会摄入10毫克硝态氮，高浓度硝态氮饮用水，是婴儿发病的重要原因之一，皮肤呈青紫色是硝酸盐或亚硝酸盐中毒的外观重要特征。由亚硝酸与二级胺或三级胺反应生成的亚硝胺，是公认的强致癌物质，已引起广泛重视。

地质—自然灾害

地质—自然灾害是引起资源、环境问题的一个极其重要的又必须重视的方面。由于天体运动或地球自身运动引起的地球气圈、水圈、岩石圈乃至于生物圈的各种变异而导致的各种突发性（或非突发性）事件，给人类生存的环境造成瞬间的或非瞬间的致命性破坏，给人类生命财产和社会经济的发展造成巨大的危害。以往研究自然灾害时往往把它看成是孤立的危害事件，近几十年来人们对灾害的研究取得了巨大的成果，自然灾害的群发性、区域性、系统性规律逐渐为人们所认识，把地质——自然灾害系统作为人类大环境系统的一个组成部分，对它们的现状和未来发展趋势加以研究和预测，是新兴的资源环境科学的一项新任务。

据不完全统计，20 世纪以来，全世界每年仅较严重的自然灾害就达 450 起以上，直接死亡人数超过 20 万，5000 多万灾民因此丧失家园，直接经济损失不低于 200 亿美元。每年全世界救灾支出达 100 多亿美元。

这里所指的地质—自然灾害主要包括气候旱涝灾害，台风、地震和火山灾害，以及地面沉降、滑坡、泥石流、崩塌、地裂缝等。

地　震

地震是地壳岩层能量突然释放导致周围岩体运动的一种表现形式。地震是释放能量最大、瞬间破坏烈度最强的地质—自然灾害。全世界每年发生几百万次地震，其中只有 1% 左右能够为人们所感觉到，造成损失的地震约1000次，里氏7级以上地震20次左右。20世纪以来已有260万人死于地震，其中死亡万人以上的地震多达27次，经济损失达数千亿美元。

地震后的可怕后果

全球著名的地震带有两条。①环太平洋地震带，这是世界上最长的地震带。该地震带从美洲西岸北上再沿阿留申群岛、千岛群岛南下，经日本、中国到南太平洋诸岛，整整绕太平洋一圈，所释放出的能量占全球的80%。②地中海—亚洲地震带，该带西起地中海，经西亚、喜马拉雅山到中国，所释放的能量占全球的17%。两条地震带上的北纬40度号称“地震恐怖线”，历史上死亡1万人以上的大地震多发生在这一带。分布于地震带上的日本、中国、美国、俄罗斯等是地震多发国家，也是世界上遭受地震灾害最为严重的国家。

日本也是一个地震多发国家，历史上大小地震连年不断。1995年1月发生的关西兵库县大地震是日本近50年来损失最惨重的一次，这次地震使5000多人丧生，2.6万人受伤，29万人无家可归，经济损失达8万亿～10万亿日元。这次地震再一次表明类似的灾害是无法准确预测的。

唐山地震（中国，1976年）、海原地震（日本，1920年）、关东地震（日本，1923年）、旧金山地震（美国，1906年）、墨西拿地震（意大利，

1908 年）、古浪地震（中国，1927 年）、钦博特地震（中国，1970 年）、伊朗西北部地震（伊朗，1990 年）、墨西哥地震（墨西哥，1985 年）和四川汶川地震（中国，2008 年）等是几次重大的地震。其中唐山地震死亡人数超过 24 万，海原和关东大地震死亡人数分别为 23.4 万和 14.3 万。

地震引起的火灾、海啸、风暴、洪水等次生灾害和瘟疫造成的损失往往超过地震本身，其中尤以火灾、海啸为甚。旧金山地震、东京地震的死难者多与火灾有关，墨西拿、智利地震的死难者则大多缘于随后的海啸。

火　山

火山是地球释放热量、气体的裂口。地球上共有 859 座活火山（陆上 700 多座，海底 100 多座）。每年因 60 座活火山喷发而使 3.6 亿人口受到威胁。据不完全统计，20 世纪已有 10 多万人死于火山爆发，火山爆发造成了 200 亿美元的财产损失。

集中了全球 80% 活火山的环太平洋火山带可谓地球上的一条“火环”，“火环”上的南北美洲西部山区、印度尼西亚岛弧和日本岛弧又可称得上是活火山博物馆。其余的火山分布在大西洋岛屿、地中海和东非裂谷。

历史上伤亡最多的一次火山爆发是公元前 1470 年的希腊桑托林岛火山喷发。该火山喷出的物质达 625 亿立方米，50 米高的巨浪席卷了东地中海岛屿和海岸，一举毁灭了米诺斯文明的中心和 130 千米外的克里特岛。

公元 79 年维苏威火山爆发给人类留下了永久的遗憾，火山喷出的凝灰岩灰尘使美丽的庞贝城变成了废墟。

20 世纪一些著名的火山爆发事件有：1902 年的危地马拉圣玛丽亚火山爆发，1902 年的法属马提尼克岛培雷火山爆发，1902 年的加勒比海圣文森特岛苏弗里耶尔火山爆发，1911 年的菲律宾吕宋岛塔尔火山爆发，1912 年的美国卡特迈火山爆发，1919 年和 1930 年的印度尼西亚克卢德火山爆发和默拉皮火山爆发，1951 年的巴布亚新几内亚拉明顿火山爆发，1977 年的东非大裂谷尼拉贡戈火山爆发，1979 年的“地狱之门”——埃特纳火山爆发，1980 年的美国圣海伦斯火山爆发，1985 年的哥伦比亚鲁伊斯火山爆发以及

1986 年的喀麦隆尼奥斯火山口湖底喷毒等。

火山爆发造成了难以估计的财产损失。火山爆发还对区域气候的变化产生影响。有证据表明大规模的火山喷发会降低大气温度，因为火山喷发出来的大量火山灰飘浮于大气同温层内将阳光遮挡住。1783 年浅间山火山大爆发使日本出现了“冷夏”，日本东北部还出现了冻害。差不多同时期的冰岛拉基火山爆发导致当年欧洲大陆冬天天气奇寒。1815 年的印度尼西亚坦博腊火山空前大爆发使北半球被火山所喷出的烟雾笼罩，次年欧洲和美洲出现“冷夏”天气，六七月间大雪纷飞，历史上称之为“无夏之年”。美国气象学家克利弗德·马斯和戴维·波特曼对比分析了大量的历史文献之后宣布，火山爆发确实造成了气候变化。科学家们声称 5 座火山的爆发就可以使地球上一半的地区在两三年内气温下降 0.1 ~ 1.5℃，1883 年的印度尼西亚喀拉喀托火山爆发使全球气温下降了 0.5℃。不过，这是一种尚难准确估量的自然现象，将防止全球气温升高的希望寄托于此显然是不现实的。

印尼火山爆发

水　灾

水患乃自然灾害之首。全世界每年因自然灾害而死亡的人口的 75%、财产损失的 40% 以上均是洪水所为。

水灾还是一个十分复杂的灾害系统。这是因为水灾的诱发因素极为广泛，既可以是整个水系泛滥，又可以是暴雨成灾，还可以是因风暴、地震、火山爆发、海啸等引起的次生水灾，甚至人为因素也包括在内。水灾高发区一般多集中于人口稠密、农业垦殖度高、江河湖泊众多、降雨充沛的北半球暖湿带、亚热带。中国、孟加拉国是世界上水灾最为频繁且损失最为严重的国家，随后就要数美国、日本、印度和欧洲各国了。以江河而论，则以中国的黄河、长江、淮河，美国的密西西比河，印度的恒河，南美的亚马逊河等流域的水灾频率最高。

淹没在洪水中的民宅

孟加拉国是遭受水灾最严重的国家之一。1944 年，孟加拉还没成为独立国家，那个地区遭受了一场特大的洪涝灾害，连续的暴雨使恒河水位猛涨，洪水使农作物大幅度减产甚至颗粒无收，淹死、饿死了 300 多万人。20 世纪 70 年代以后，水灾更加频繁，而且一次比一次严重。1988 年，暴风骤雨再次袭击了孟加拉国。受淹面积达全国的 2/3，3000 万人无家可归。巨大的洪灾损失使该国沦为全世界最贫困的国家之一。

意大利现在每年有 3 次洪灾，这比 20 年前增加了 50%。德国、法国、荷兰、美国以及孟加拉国、中国和印度过去几年来都遭受了严重的洪水袭击。世界气象组织发表的资料表明，1993 年全世界有 52 个国家发生了洪灾。

旱　灾

旱灾和水灾犹如一对双胞胎，洪涝灾害往往与旱灾交替发生。

雨量稀少使得干旱、半干旱地区成为旱灾高发区，不适当的垦牧和土地、草地退化加速了这一进程。非洲的撒哈拉沙漠以南热带草原和荒漠地区，美国中西部半干旱大草原以及印度的塔尔沙漠周围地区都是“热神”经常光顾的地区。

逐渐干涸的湖泊

长时间的持续干旱使水源断绝，农作物枯死，粮食绝收，瘟疫流行，人、畜倒毙。20 世纪以来人口死亡最多的旱灾是 1942 ~ 1943 年的我国大旱，饿死 350 万人。死亡人数超过 100 万的还有 1911 年的印度大旱（死亡 200 万人以上），1913 年的萨赫勒大旱（饿死 100 多万人），1928 ~ 1930 年的我国大旱（饿死 300 万人）和 1985 年的非洲大旱（饿死 100 多万人）。第二次世界大战以后，非洲的埃塞俄比亚先后经历了 8 次大旱，累计饿死 400 万人，占全国人口的 1/10。1983 ~ 1985 年遍及非洲撒哈拉以南地区的饥荒便是干旱的极端后果。即便如美国这样的经济繁荣、国力强盛、救援力量强大的大国也因 1988 年的大旱造成近万人的“热毙”。

风　灾

形成于赤道海洋附近的热带气旋——台风是仅次于水灾、旱灾和地震的又一“灾魔”。一次强台风刮过数千千米，横扫多个国家，造成数十亿美元的财产损失。台风过后，船沉车翻，树倒房塌，人、畜失踪。

全世界风灾最严重的是加勒比海地区、孟加拉湾，中国、菲律宾，中美洲、美国、日本和印度其次，南大西洋影响最小。其原因在于风源多出自印度洋、太平洋和大西洋热带海域。

狂风过后

据统计，全世界每年约产生风力达8级以上的热带气旋80余个，死于台风的人数约2万，经济损失逾80亿美元。历史上曾发生20多次死亡人数超过5000人的大风灾，8次死亡人数10万以上的特大风灾。20世纪以来最大的风灾发生于孟加拉国。1970年11月12日，强台风挟带着风暴潮席卷了孟加拉，造成30万人死亡，28万头牛、50万只家禽毙命，经济损失难以计数。

对于台风，人类目前除了提高预测、预警能力，减轻灾难的损失之外，尚无他法。正因为如此，各种飓风、旋风、龙卷风才能够横冲直撞，四处大发淫威，使得人世间不得安宁。

雪　灾

雪灾亦称白灾，是因长时间大量降雪造成大范围积雪成灾的自然现象。它是我国牧区常发生的一种畜牧气象灾害，主要是指依靠天然草场放牧的畜牧业地区，由于冬半年降雪量过多和积雪过厚，雪层维持时间长，影响畜牧正常放牧活动的一种灾害。对畜牧业的危害，主要是积雪掩盖草场，且超过一定深度，有的积雪虽不深，但密度较大，或者雪面覆冰形成冰壳，牲畜难以扒开雪层吃草，造成饥饿，有时冰壳还易划破羊和马的蹄腕，造成冻伤，致使牲畜瘦弱，常常造成牧畜流产，仔畜成活率低，老弱幼畜饥寒交迫，死亡增多。同时还严重影响甚至破坏交通、通信、输电线路等生命线工程，对牧民的生命安全和生活造成威胁。雪灾主要发生在稳定积雪地区和不稳定积雪山区，偶尔出现在瞬时积雪地区。我国牧区的雪灾主要发生在内蒙古草原、西北和青藏高原的部分地区。

雪　灾

根据我国雪灾的形成条件、分布范围和表现形式，将雪灾分为3种类型：雪崩、风吹雪灾害（风雪流）和牧区雪灾。

另外根据积雪稳定程度，将积雪又可分为5种类型：

1. 永久积雪：在雪平衡线以上降雪积累量大于当年消融量，积雪终年不化。

2. 稳定积雪（连续积雪）：空间分布和积雪时间（60 天以上）都比较连续的季节性积雪。

3. 不稳定积雪（不连续积雪）：虽然每年都有降雪，而且气温较低，但在空间上积雪不连续，多呈斑状分布，在时间上积雪日数为 10 ~ 60 天，且时断时续。

4. 瞬间积雪：主要发生在华南、西南地区，这些地区平均气温较高，但在季风特别强盛的年份，因寒潮或强冷空气侵袭，发生大范围降雪，但很快消融，使地表出现短时（一般不超过 10 天）积雪。

5. 无积雪：除个别海拔高的山岭外，多年无降雪，雪灾主要发生在稳定积雪地区和不稳定积雪山区，偶尔出现在瞬时积雪地区。

雪灾压塌的输电设备

积雪对牧草的越冬保温可起到积极的防御作用，旱季融雪可增加土壤水分，促进牧草返青生长。积雪又是缺水或无水冬春草场的主要水源，解决人畜的饮水问题。但是雪量过大、积雪过深、持续时间过长，则会造成牲畜吃草困难，甚至无法放牧，而形成雪灾。

雪灾按其发生的气候规律可分为两类：猝发型和持续型。

猝发型雪灾发生在暴风雪天气过程中或以后，在几天内保持较厚的积雪对牲畜构成威胁。本类型多见于深秋和气候多变的春季，如青海省1982年3月下旬至4月上旬和1985年10月中旬出现的罕见大雪灾，便是这类雪灾最明显的例子。持续型雪灾达到危害牲畜的积雪厚度随降雪天气逐渐加厚，密度逐渐增加，稳定积雪时间长。此型可从秋末一直持续到第二年的春季，如青海省1974年10月至1975年3月的特大雪灾，持续积雪长达5个月之久，极端最低气温降至零下三四十摄氏度。

人们通常用草场的积雪深度作为雪灾的首要标志。由于各地草场差异、牧草生长高度不等，因此形成雪灾的积雪深度是不一样的。内蒙古和新疆根据多年观察调查资料分析，对历年降雪量和雪灾形成的关系进行比较，得出雪灾的指标为：轻雪灾，冬春降雪量相当于常年同期降雪量的120%以上；中雪灾，冬春降雪量相当于常年同期降雪量的140%以上；重雪灾，冬春降雪量相当于常年同期降雪量的160%以上。

雪灾的指标也可以用其他物理量来表示，诸如积雪深度、密度、温度等，不过上述指标的最大优点是使用简便，且资料易于获得。

根据调查材料分析，我国草原牧区大雪灾大致有十年一遇的规律。至于一般性的雪灾，其出现次数就更为频繁了。据统计，西藏牧区大致2~3年一次，青海牧区也大致如此。新疆牧区，因各地气候、地理差异较大，雪灾出现频率差别也大，阿尔泰山区、准格尔西部山区、北疆沿天山一带和南疆西部山区的冬牧场和春秋牧场，雪灾频率达50%~70%，即在10年内有5~7年出现雪灾。其他地区在30%以下。雪灾高发区，也往往是雪灾严重区，如阿勒泰和富蕴两地区，雪灾频率高达70%，重雪灾高达50%。反之，雪灾频率低的地区往往是雪灾较轻的地区，如温泉地区雪灾出现频率仅为5%，且属轻度雪灾。但不管哪个牧区大雪灾都很少有连年发生的现象。

雪灾发生的时段，冬雪一般始于10月，春雪一般终于4月。危害较重的，一般是秋末冬初大雪形成的所谓“坐冬雪”。随后又不断有降雪过程，使草原积雪越来越厚，以致危害牲畜的积雪持续整个冬天。

雪灾发生的地区与降水分布有密切关系。如内蒙古牧区，雪灾主要发生在内蒙古中部的巴盟、乌盟、锡盟及昭盟和哲盟的北部一带，发生频率在30%以上，其中以阴山地区雪灾最重最频繁；西部因冬季异常干燥，则几乎没有雪灾发生。新疆牧区，雪灾主要集中在北疆准格尔盆地四周降水多的山区牧场；南疆除西部山区外，其余地区雪灾很少发生。青海牧区，雪灾也主要集中在南部的海南、果洛、玉树、黄南、海西5个冬季降水较多的州。西藏牧区，雪灾主要集中在藏北唐古拉山附近的那曲地区和藏南日喀则地区。前者常与青海南部雪灾连在一起

据《资治通鉴》等书记载，我国最早雪灾发生在2000多年前，西汉建昭二年（公元前37年），包括湖南长沙在内的楚地，降了一场深5尺的大雪。因为文献失记，直到唐帝国以后的五代十国时期（950年），史书才第一次明确标记发生在长沙城的大雪，即："潭州大雪，盈四尺。"潭州治地即今天的长沙。

明熹宗天启元年（1621年），长沙、善化、益阳、浏阳等地大冰雪，在善化（即今天的南长沙）大椿桥刘宅，"六人，一夜俱冻死。"；康熙年间湘江冰上"人马可行"；清嘉庆五年（1800年），"长沙、善化、平江、湘乡、晃州厅，九月大雪，深尺许"。

1954年的"大冰冻"起于1954年12月26日。当天晚上，寒流开始第二次袭扰洞庭湖，洞庭湖全部堤垸很快就被冰封雪盖了，堤岸上的树木被冰雪压得弓弯低垂，数十里电线被冰凌坠折。气温由20℃骤然降到－8℃，风雪持续了11天，当地的老人们说：这是洞庭湖20多年没见过的大严寒大冰冻。

1961年湖南历史考古研究所编撰的《湖南自然灾害年表》记载：在新中国成立以前的湖南地区，有40日未解冻的（平江），冰冻达3个月之久。在冰雪为灾的日子里，湖南的冰冻，时常有大雪或连续降雨，有降雪连续40余日的（永州）、有积雪由小除日至次年2月始霁的（安化），有大雪深四五尺的（湘乡、湘阴、平江、邵阳）。它不仅损害林木果蔬，冰毙人畜，而且阻碍交通。

在2008年1月10日，雪灾在南方爆发了。严重的受灾地区有湖南、贵州、湖北、江西、广西北部、广东北部、浙江西部、安徽南部、河南南部。截至2008年2月12日，低温雨雪冰冻灾害已造成21个省（区、市、兵团）

不同程度受灾，因灾死亡107人，失踪8人，紧急转移安置151.2万人，累计救助铁路公路滞留人员192.7万人；农作物受灾面积1.77亿亩，绝收2530亩；森林受损面积近2.6亿亩；倒塌房屋35.4万间；造成直接经济损失1111亿元。

造成这次雪灾最主要的原因是大气环流的异常，尤其是欧亚地区的大气环流发生异常。

我们都知道，大气环流有着自己的运行规律，在一定的时间内，维持一个稳定的环流状态。在青藏高原西南侧有一个低值系统，在西伯利亚地区维持一个比较高的高值系统，也就是气象上说的低压系统和高压系统。这两个系统在这两个地区长期存在，低压系统给我国的南方地区，主要是南部海区和印度洋地区，带来比较丰沛的降水。而来自西伯利亚的冷高压，向南推进的是寒冷的空气。很明显，正常情况下，冬季控制我国的主要是来自西伯利亚的冷空气，使得我国大部地区干燥寒冷。

而在2008年1月，西南暖湿气流北上影响我国大部分地区，而北边的高压系统稳定存在，从西伯利亚地区不断向南输送冷空气，冷暖空气在长江中下游及以南地区就形成了一个交汇，冷空气密度比较大，暖空气就会沿着冷空气层向上滑升，这样暖湿气流所携带的丰富的水气就会凝结，形成雨雪的天气。由于这种冷暖空气异常地在这一带地区长时间交汇，导致中国南方大范围的雨雪天气持续时间长。

实际上我国南方地区这3次雨雪天气过程，主要就是西南暖湿气流的3次加强，相应地出现了3次比较大的雨雪天气过程。

其中2008年1月26~28日的第三次大范围持续性雨雪天气过程强度强，再加上前两次的影响，因而造成了最严重的损失。

海岸线变化

海洋和陆地是地球表面的两个基本单元，海岸线即是陆地与海洋的分界线，一般指海潮时高潮所到达的界线。地质历史时期的海岸线，称古海岸线。海岸线分为岛屿岸线和大陆岸线两种，海岸线不是一条线。海洋与陆地的不断变化十分复杂。我们假定陆地是固定不变的，海洋只有潮汐变化。海水昼夜不停地反复地涨落，海平面与陆地交界线也在不停地升降改变。假定每时每刻海水与陆地的交界线都能留下鲜明的颜色，那么一昼夜间的海岸线痕迹是具有一定宽度的一个沿海岸延伸的条带。为测绘、统计实用上的方便，地图上的海岸线是人为规定的。一般地图上的海岸线是现代平均高潮线。航海用图上的海岸线是理论最低低潮线，比实际上的最低低潮线还略微要低一些。这样规定，完全是为了航海安全上的需要。因为海图上的水深以这样的理论最低低潮为基准，可以保证任何时间，实际上的水深都比图上标示的水深更深。舰船按此海图航行绝对不会搁浅。

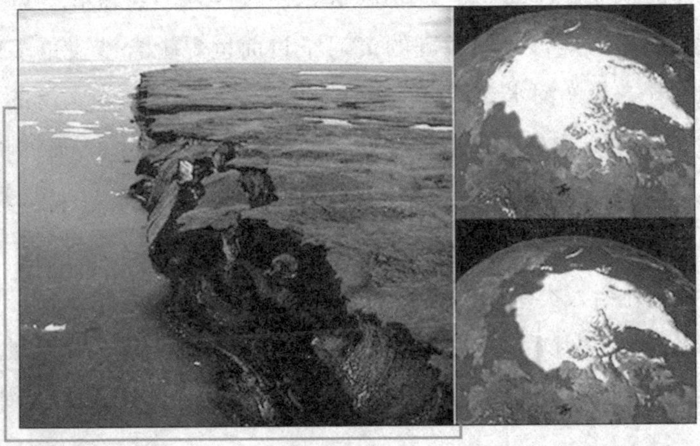

受腐蚀的海岸线

海岸线从形态上看，有的弯弯曲曲，有的却像条直线。而且，这些海岸线还在不断地发生着变化。如我国的天津市，在公元前还是一片大海，那时海岸线在河北省的沧县和天津西侧一带的连线上，经过2000多年的演化，海岸线向海洋推进了几十千米。当然，有时海岸线也会向陆地推进。仍以天津为例，在地质年代第四纪中（距今100万年左右），这里曾发生过两次海水入侵，当两次海水退出时，最远的海岸线曾到达渤海湾中的庙岛群岛。但经过100万年的演化，现在的海岸线向陆地推进了数百千米。

海岸线发生如此巨大变化的主要原因是地壳的运动。由于受地壳下降活动的影响，引起海水的侵入（海侵）或海水的后退现象，造成了海岸线的巨大变化。这种变化直到今天也没有停止。有人测算过，比较稳定的山东海岸，纯粹由于地壳运动造成的垂直上升，每年约 1.8 毫米，如果再过 1 万年，海岸地壳就可上升 18 米。到那时，海岸线又会发生很大的变化。

其次，海岸线的变化受冰川的影响较大。在地球北极和南极地区，陆地和高山上覆盖着数量巨大的冰川，如果气温上升，世界上这些冰川都融化了，冰水流入大海，那么海平面就会升高十几米，海岸线就会大大地向陆地推进；相反，如果气温相对下降，则冰川又扩展加厚，海平面就会渐趋降低，海岸线就会向海洋推进。

再次，海岸线的变化还受到入海河流中泥沙的影响。当河流将大量泥沙带入海洋时，泥沙在海岸附近堆积起来，长年累月，沉积为陆地，这时海岸线就会向海洋推移。如我国的黄河是目前世界上含沙量最多的一条大河，平均每立方米的河水含沙量约为 37 千克，它每年倾入大海的泥沙多达 16 亿吨。泥沙在入海处大量沉积，使黄河河口每年平均向大海伸长 2 ~3 千米，即每年新增加约 50 平方千米的新淤陆地。由于河水带来的泥沙沉积，使海岸线也不断地向海洋推进。

海岸线变化给人类带来的灾害是渐进性的，同时也是巨大的。一方面海岸线的变化会改变生物界（包括人类）的居住结构，迫使人类迁徙。另一方面，海岸线的变化也不可避免地给人类造成直接的人员伤亡和财产损失。

泥石流

泥石流犹如一股黑色的洪流，瞬间爆发，无坚不摧，是山区最严重的地质灾害之一。

泥石流常见于峡谷地区和地震火山多发区，而且在暴雨期还具有群发性。环太平洋褶皱带（山系）、阿尔卑斯—喜马拉雅褶皱带和欧亚大陆内部的一些褶皱山区是泥石流的多发区。全世界共有 50 多个国家存在着泥石流的潜在危险，其中中国、日本、瑞士、秘鲁、哥伦比亚较为严重。

20 世纪以来，由于生态环境进一步恶化，全世界泥石流爆发的频数大增，使本已疮孔百出的生态环境更加支离破碎。20 世纪全球发生的泥石流上百次，其中2次伤亡最大。一次是1970年的瓦斯卡兰山泥石流，500多万立方米的雪水裹着泥、石，以每小时100千米的速度咆哮而下，毁灭了秘鲁容加依城，造成2.3万人死亡。另一次是1985年鲁伊斯火山泥石流，黏稠而灼热的泥石流以50千米的时速夷平了3万平方千米上的城镇、农田和果园，哥伦比亚阿美罗城一夜之间变成了废墟。这次泥石流使2.5万人丧生，15万头耕牛死亡，13万人流离失所，经济损失50亿美元。

鲁伊斯火山泥石流

滑坡、崩塌

滑坡、崩塌往往与地震有关，又常常与泥石流一同迸发。

世界上发生滑坡、崩塌最多的地区当属中国、日本、美国、印度和阿尔卑斯山区。中国的滑坡、崩塌多发生于西南山区和黄土高原，即川、滇、陕、陇四省。日本的滑坡点近5500多处，可能发生崩塌的陡坡地带7400处。美国20世纪70年代因滑塌造成的经济损失每年高达10亿美元。瑞士20世纪以来至少有5000人死于滑坡灾害。

土壤盐碱化

土壤盐碱化又称土壤盐渍化或土壤盐化，是土壤中可溶性盐类随水向表层移动并积累下来，而使可溶性盐（如石膏）含量超过0.1%或0.2%的过程。

土壤中盐分的主要来源是风化产物和含盐的地下水。灌溉水含盐和施用生理碱性肥料也会使土壤中盐分增加。土壤盐碱化后，土壤溶液的渗透压增大，土体通气性、透水性变差，养分有效性降低，植物不能正常生长。

形成盐碱土要有2个条件：①气候干旱和地下水位高（高于临界水位）。地下水都含有一定的盐分，如其水面接近地面，而该地区又比较干旱，由于毛细作用上升到地表的水蒸发后，便留下盐分。日积月累，土壤含盐量逐渐增加，形成盐碱土。②地势低洼，没有排水出路。洼地水分蒸发后，即留下盐分，也形成盐碱地。

海啸与厄尔尼诺效应

海底6.5级以上地震以及海底火山爆发或水下、沿岸山崩均可引起海啸。海啸的传播范围很广，波及一两万千米远的地区，600～1000千米的时速和它所掀起的10～40米的巨浪足以吞没它所遇到的一切。公元前479～1964年，全世界共有记载的海啸367次，平均7年一次。近代史上数1703年的日本栗津大海啸破坏最大，死亡人员超过10万。20世纪最大的海啸发生在智利。1960年，智利南部瓦尔的维亚海域发生了8.5级大地震，强烈的地震诱发了20世纪全世界规模最大的一次海啸。海啸摧毁了智利沿岸的一切设施，并波及1万千米远的夏威夷群岛和1.7万千米远的日本列岛。据不完全统计，这次海啸共死亡1万多人，直接经济损失8亿多美元。另外一次大海啸发生在21世纪，死亡人数达22.6万人。

被称为“怪魔”的“厄尔尼诺效应”产生的原因，至今仍是一个争论中的问题。有一种意见认为，每隔3～7年，一股暖流总要从其潜伏的南太平洋东部窜进南美洲西海岸秘鲁、厄瓜多尔的冷水海域，造成灾难性的后果。厄尔尼诺暖流由来已久，至少出现在1万年以前，而且有日渐增强的趋势。另一种意见认为，1957年、1963年、1969年、1976年、1981年、1983年的6个厄尔尼诺年，有5个与木星对应的地球赤道有关。还有一种意见认为，厄尔尼诺的直接原因与南半球风带的变异有关。不管其成因如何，"厄尔尼诺"对世界气候变异的影响是显而易见的，每次"厄尔尼诺"一出现，海洋生态都要失去平衡，传统的季风和洋流被打乱而引起气候异常。

秘鲁是全世界"厄尔尼诺"的最大受害国。1925年春季，暖流涌入秘鲁的冷水海域，海水急剧升温，洋面温度升高3～5℃，大量冷水鱼因不适应热水环境而死亡，一时间死鱼漂满海面。20世纪60年代秘鲁捕鱼量居世界第一，年捕鱼量超过10亿吨。可是1972年和1982年两次暖流使得年捕鱼量跌至1/2以下，最严重时还不到1/5。

1983年的"厄尔尼诺"使美国发生洪水，落基山大雪覆盖，墨西哥雨量增加1.5倍，加利福尼亚州降水增加了3倍，罕见的剧烈移动的东北飓风造成环流异常，夏威夷庄稼和建筑物受损，损失2亿美元。这次"厄尔尼诺"还带来了厄瓜多尔和秘鲁特大洪水以及澳大利亚和印尼的干旱。

近百年来，重大的"厄尔尼诺"共发生了12次。"厄尔尼诺"不能解释所有的气候异常，有的"厄尔尼诺"干旱，有的多雨。据我国历史资料记载，厄尔尼诺年一般是北方多雨，但1983年和1987年的厄尔尼诺年北方干旱。1963年的厄尔尼诺年海河流域大涝。

地面沉降

地面沉降的原因有两种：①地壳构造沉降、地面土层自然压实等，这是自然原因。②人为因素，过量抽取地下水或开采石油、天然气、固体矿产等都会引起地面沉降。其中，过量抽取地下水引起的地面沉降最为严重。地下水的过度抽取造成了蓄水层的永久性消耗。曼谷，由于超采地下水引起地面沉降、地面开裂和海水倒灌。墨西哥城和雅加达城也存在着类似的问题。

我国出现的地面沉降的城市较多。按发生地面沉降的地质环境可分为3

种模式：

1. 现代冲积平原模式，如我国的几大平原。

2. 三角洲平原模式，尤其是在现代冲积三角洲平原地区，如长江三角洲就属于这种类型。常州、无锡、苏州、嘉兴、萧山的地面沉降均发生在这种地质环境中。

3. 断陷盆地模式，它又可分为近海式和内陆式两类。近海式指滨海平原，如宁波；而内陆式则为湖冲积平原，如西安市、大同市的地面沉降可作为代表。

地质—自然灾害发展趋势

鉴于地质—自然灾害形势的严峻性及其巨大的危害性，科学家们对未来几十年内自然灾害的发展趋势提出了种种预测。1989 年我国该领域研究小组向国务院发展研究中心提交了在当时是最早的一份关于未来灾害的预测报告。该报告提出了以下预警性意见：

气候变异，全球将出现近百年来少有的气候异常。从 500 年前开始进入的现代小冰期，共有过 4 次变冷，每个变冷期为 50 ~ 100 年。第四个变冷期出现于 1945 年，将持续至 1995 ~ 2045 年。但地球气候在变冷的自然趋势上，叠加了人类活动的干扰。温室效应日益增强、地球增温，从而使地球气候变异更为复杂化。各地气候正处在一个激烈变化的时期，旱涝及其他天气灾害极为严重。

2060 年前后将是地球自转速度加快期，此期气候带南移，其结果是我国将出现由北涝变为北旱南涝的局面。

海平面变化是地球运动在水圈的反映。1875 年、1910 年、1945 年开始的海平面升高，中间存在明显的 35 年周期，每一上升期持续 15 ~ 20 年，因此 1980 ~ 2000 年为高海平面时期。

高海平面期以后，地球岩石圈将进入一个新的活动期。19 世纪以来，地震高潮集中在 1920 年、1940 年、1965 年、1976 年前后，1985 年以来地震强度逐渐上升。大量事实表明，地震、火山及其他灾害与太阳黑子活动周期密切相关，1987 年太阳黑子活动进入第 22 周年，现实表明 1988 年至 2010 年前后将是地震、滑坡、泥石流等地震灾害群发期。

综上所述，地球各圈层运动变化不同尺度的周期显示了惊人的一致性，它已经表明或将预示 20 世纪 90 年代至 21 世纪中叶以后，地球进入纪元以来第五个灾害期。考虑到太阳活动的变化周期为 300 ~ 400 年，1650 ~ 1700 年蒙德尔极小期与之相应的大灾、大震活动已经在 20 世纪末、21 世纪上半叶重演，是值得全人类加以警惕的。

联合国世界减灾 10 年委员会发表的一些资料证实了上述的趋势。在 1994 年 5 月 23 ~ 27 日于日本横滨举行的世界减灾大会上，联合国发表了世界灾情调查报告，报告认为在过去的 30 年里，世界上发生的大灾害增加了 2 倍。该结论是在对全球 15 种主要地质自然灾害全面调查的基础上提出的，包括 179 个国家的干旱、地震、洪水等 15 种灾害的 5000 起事例。按照“大灾害”的标准——财产损失超过该国国民生产总值的 1%，受害人数超过该国人口的 1% 以及死亡人数超过 100 人，1963 ~ 1992 年的 30 年里，世界共发生了 1531 起大灾害。报告强调指出，这些大灾害仍在以上升的趋势发展，尤其洪水、台风和干旱更是如此，而且 90% 的大灾害发生在发展中国家。

环境污染的生态治理

大气污染的生态治理

大气是生物赖以生存的必要条件之一，也是最重要的生态资源因子。因此治理大气污染是治理污染的重要内容。大气污染根据其发生原因和污染物组成的不同，可以分为煤烟型（如伦敦烟雾事件）、石油型（如洛杉矶光化学烟雾事件）、混合型（多种原因诱发污染）和特殊型（如氯碱厂排放氯化氢污染大气）污染。我国大气污染多属煤烟型污染，主要污染物为烟尘和 SO_2。这与我国的能源结构以煤炭为主，工业布局不合理，燃烧器具陈旧，工艺落后，能耗高等特点有关。因此，要减少烟尘和 SO_2 等大气污染物的排放量及其危害，必须采取以污染源控制、治理为主，强化大气质量管理，选育优良抗污染作物品种，开展植树造林等综合防治措施。

一般来说，治理大气污染可从下面几个方面入手。

消烟除尘技术

消烟除尘技术是指烟尘等固体颗粒物在排放到大气环境之前，采用除尘装置将其除掉，以减少大气污染物。目前使用的除尘装置大致可分为机械除尘器、湿式洗涤除尘器、袋式滤尘器和静电除尘器等四类。它们的性能及优缺点各有不同，可根据实际需要选择适当的类型配合使用。

沉降除尘室

利用重力和离心力将尘粒从气流中分离出来，达到净化的目的。能除去直径大于40微米的尘粒。它具有设备最简单、价廉、操作维修方便等特点。具体方法是使烟气通过一个沉降室，在重力作用下沉降下来，一般用作较大尘粒的预处理。

旋风式除尘器

气体在分离器中旋转，烟尘颗粒在离心力作用下被甩到外壁，沉降到分离器底部，气体从顶部逸出，从而使气体与颗粒物分离。这种设备对直径大于5微米的尘粒去除效率可达50%～80%，适宜于一般工业锅炉使用。

旋风式除尘器

湿式洗涤除尘器

湿式洗涤除尘器是一种用喷水法将颗粒物从气体中洗离出来的除尘装置。对直径大于2微米的尘粒，去除效率可达90%左右。缺点是压力损耗大，用水量大，同时还产生污水处理问题。

袋式滤尘器

袋式滤尘器对直径1微米以上的尘粒去除率达100%。含尘气体通过悬挂在袋室上的织物过滤袋而被除掉。这种方法除尘效率高，操作简便，适合于含尘浓度低的气体。其缺点是占地多、维修费用高，不耐高温高湿气流。

静电除尘器

静电除尘器的原理是利用尘粒通过高压直流电吸收电荷的特性而将其从气流中除去。带电颗粒在电场作用下，向接地集尘筒移动，借助重力把尘粒从集尘电极上除掉。这种除尘器的优点是对粒径很小的尘粒具有较高的去除效率，耐高温，气流阻力小，除尘效率不受尘粒浓度和烟气流量的影响，是当前发展的新型除尘设备。缺点是投资费用高、占地大、技术要求高。

二氧化硫治理技术

煤炭洗选脱硫是在煤炭燃烧前用水冲洗煤炭，使其中的无机硫被洗除。通过洗选，可将煤中40%~60%的无机硫脱去，同时也降低了煤的灰分，提高了煤炭的质量和热能利用率。

发展型煤是将原煤经过洗选、破碎、分筛、加入黏合剂、添加剂、固硫剂、成型等加工过程制成一种固体清洁燃料。使用这种煤的锅炉，烟气中SO_2可减少40%~45%，烟尘减少50%~90%。

一般以煤和石油作燃料的烟气中，SO_2含量为0.5%~1%，含硫量较低，烟气量大而温度高，采用烟气脱硫可收到较好的效果。烟气脱硫方法分为干法与湿法两类：干法是采用粉状或粒状吸收剂或催化剂来脱除烟气中的SO_2；湿法是采用液体吸收剂洗涤烟气，以除去SO_2。

生物防治

大气污染的生物防治主要是利用绿色植物来净化空气。绿色植物的净化作用主要体现在以下三个方面：①植物能够在一定浓度范围内吸收大气中的有害气体。例如，1公顷柳杉林每年可以吸收720千克二氧化硫，美人蕉、向日葵、泡桐、加拿大白杨等对氟化氢有很强的吸收能力。②植物可以阻滞气流，使大气中的粉尘和放射性污染物沉降而被植物吸附。例如，1公顷山毛榉林一年中阻滞和吸附的粉尘达68吨。在城市、工矿区和其周边环境之间，由于气温的差别，常有小环流产生，因此可种植净化防护林带，使城市、工矿区的空气得到稀释、净化。净化防护林带与污染源的距离、林带的疏密及林带的宽度要配置合理，才能达到最大限度的净化效果。林带宽度一般以30~40米为宜。③许多绿色植物如悬铃木、橙、圆柏等，能够分泌抗生素，杀灭空气中的病原菌。因此，森林和公园空气中病原菌的数量比闹市区明显减少。

构建生活绿色屏障

绿色植物具有多方面净化大气的作用，是保护生态环境的绿色屏障。因此城市绿化对于净化城市空气、保障人体健康具有重要意义。联合国生物圈生态与环境保护组织规定，城市居民每人约需要60平方米的绿地，住宅区绿地每人要保持28平方米。在城市绿化工作中应注意因地制宜，常绿树与落叶树搭配，速生树与慢生树相结合，骨干树种与其他树种相结合，乔、灌、草、藤相结合，立体绿化，提高净化效率，保证净化效果。

另外，当大气受到污染时，生物会不同程度地做出反应，如某些动物的生病、死亡或成群迁移；植物叶片的变色、脱落或枯死等；微生物种类和数量的变化等。因此，可以利用生物对大气污染的这些异常反应监测大气中有害物质的成分和含量，了解大气质量状况，这就是大气污染的生物监测。大气中污染物多种多样，有 SO_2、HF、O_3、NO_x、粉尘、重金属等。不同的生物对它们的敏感性不同，反应也不一样，因此不同的大气污染物有不同的监测生物。

可监测大气污染的紫花苜蓿

利用动物来监测大气环境质量，存在很多困难，虽然已经有用鸟类和昆虫监测大气质量的报道，但目前还没有形成一套完整的监测方法。而利用植物来指示和监测大气质量，却取得了一定的进步。我国从 20 世纪 70 年代初就开展监测植物的选择和利用，积累了较多经验，有的已经应用于生产实践中。有些植物对大气污染的反应极为敏感，在污染物达到人和动物的受害浓度之前，它们就显示出可觉察的受害症状，例如紫花苜蓿在二氧化硫浓度达0.3毫克/升时就有明显反应；贴梗海棠在0.5毫克/升的臭氧下暴露半小时就会受到伤害；香石竹、番茄在0.1~0.5毫克/升浓度的乙烯影响下几小时，花萼就会发生异常变异；唐菖蒲的敏感品种“白雪公主”经0.1毫克/升的氟化氢作用五周后，会出现慢性受害症状。这些敏感生物的生存状况可以反映其生存介质的环境质量，用来监测环境。植物还能够将污染物或其代谢产物富集在体内，分析植物体的化学成分可确定其含量。另外，环境污染除了对生物个体产生影响外，还在种群、群落层次上影响生物的组成和分布。因此，生物的种类区系变化也可以用于监测环境。

水体污染的生态治理

污水土地处理系统去污

污水灌溉作为一种水肥合一、综合利用的重要途径，在国内外已有很久的历史，只是近年才深刻认识到土壤及其生物系统对污水处理的巨大潜力，并作为污水处理系统中的一个重要环节进行深入研究，由常规的污水灌溉发展成污水投配到土地上，通过土壤—生物系统完成一系列的复杂过程，将污水中的污染物去除，使之转化为新的水资源。污水的土地处理系统不仅具有成本低、效果好的特点，还能利用废水中的营养物质，促进农业生产发展，形成良性循环的农业生态系统。

污水土地处理系统不同于传统的污水灌溉，这表现在：①土地处理系统要求对污水进行必要的预处理，以去除污水中的有毒有害物质，保证长年运行不致对周围环境造成污染。②污水的土地处理系统能够全年连续运行，冬季和非灌溉季节也能进行污水处理。③土地处理系统是按照要求的出水标准进行精心设计的，有完整的工程系统。④土地处理系统的田面上一般不种植粮食作物和蔬菜，一般种植林木、观赏植物和工业原料作物。

污水的土地处理系统有多种形式：①慢速渗滤。指将预处理后的污水进行灌溉，在净化污水的同时，促进农业植物生长。②湿地处理。湿地处理系统是利用天然或人工湿地（如苇地系统）进行污水处理的大规模污水净化工程，是一种运行费用极低的处理方法，我国一些沿海城市如天津、威海等均取得了良好的效果。③地下渗滤。这种方法适合于农村、别墅等分散居住区的生活污水处理，污水从孔管中流出，向土壤表层渗透，水肥被草皮利用，出水清澈透明，在发达国家被广泛采用。污水的土地处理系统一般采用漫灌、地表漫流等方式，也可采用喷灌。

活性污泥法

活性污泥法由英国人 Adern 和 Lockett 创建于 1914 年。该方法具有效率高、效果好、实用性强、成本低、处理废水量大、方法比较成熟等优点，一般日处理在百万吨以上的大污水处理厂都采用这种方法。此法又可分为推流式曝气处理和完全混合曝气法两种。

1. 推流式曝气处理时，废水与活性污泥同时进入曝气池，向前推进，直至池的末端。开始时废水中的有机物浓度高，活性污泥中的细菌处于对数生长期，随水流推进，有机物不断降解，使水中有机物浓度逐渐下降，污泥中细菌进入静止期。最后，到池末有机物被耗尽，细菌转入内源生长期。这种方法活性污泥中的细菌在池中可以经历整个生长周期，因此，净化效果好且稳定。

2. 完全混合曝气法是使原生废水、回流污泥进入曝气池后，立即与池内原有的混合液充分混合，这就使浓废水得到较好的稀释，因此这种处理方法能忍受较大的冲击负荷，充氧也较均匀。但是，由于废水在池内停留的时间较短，细菌始终处于对数生长期，一般情况下处理效果不及推流式。

生物滤池法

生物滤池处理废水已有 70 多年的历史，近 50 年来，该方法不断得以改进，出现塔式滤池生物膜转盘、接触氧化、浸没法滤池等多种形式。其基本原理相似，生物膜可以看成附着在填料上的呈膜状的活性污泥。其作用机制也有很多假说，这里不作深入讨论。

厌气消化法（即甲烷发酵）处理废水是生物滤池法中重要的一种。在广泛采用活性污泥处理废水的同时，存在一个棘手的问题，就是沉淀池中的污泥出路问题。另外，对一些高浓度有机废水，如 BOD 高达 10^4 毫克/升以上的屠宰场废水采用一般活性污泥法是难以处理的。厌气消化法则可解决以上两个问题。

氧化塘处理废水。氧化塘是近年来使用的一种方法，这种方法处理废水投资少、设备不多，简单易行，但必须有一块较大的、能充分接受阳光的场地，该法比较适合于在农村使用。在氧化塘中同时进行有机物好氧分解、厌氧消化和光合作用；前两种分别以好氧细菌和厌氧细菌为主进行，后者由藻类和水生植物进行。这三种作用相互协调，所以，氧化塘处理废水实际上是一种菌藻共生的联合系统。

氧化塘

按氧化塘的溶解氧来源和净化效果差异，可分为：①好氧塘。通常水深0.3～0.5米，阳光能够直射塘底，主要由藻类供氧，全部塘水都呈好氧状态，由好氧细菌净化废水。废水一般在好氧塘中停留2～6天，处理过的水中含有大量藻类，排放前进行沉淀和过滤处理予以去除。②兼性塘。水深1.5～2.5米，塘内好氧反应与厌氧反应并行，阳光能够透过的水层，其作用与好氧塘类似，废水在兼性塘中一般停留5~30天。③厌氧塘。水深2.5~5米，大水面的浮渣层有保温和防止光合作用的效果，不应人为破碎，以促进厌氧菌的繁殖。厌氧塘的废水停留时间长，一般为30~50天，且产生臭气，产生的甲烷难于回收利用，多用于废水的预处理，处理过的水再由好气塘处理。④曝气塘。水深3~5米，于塘水表面安装浮筒式曝气器，使塘水保持好气状态，并充分混合。废水在曝气塘中一般停留3~8天，杂质去除率在70%以上。实际上，曝气塘是介于好氧塘与活性污泥法之间的废水处理方法。

氧化塘可以实现废水处理与利用相结合。对于好氧塘和兼性塘，最适宜的利用方法是养鱼、养鸭、种植水生植物。氧化塘养鱼有清水稀释和不稀释两种，稀释氧化塘可按污水与清水1∶3~5的比例混合，使水质得以改善，水中溶解氧充足，养鱼效果较好。如附近无水源稀释，可将污水经沉降处理后直接流入氧化塘。无稀释氧化塘有单级塘（预处理后只流入一个池子进行生物处理）和多级塘。在多级塘中，污水依次流过几个塘进行生物处理，前阶段为厌氧或兼性过程，后阶段为好氧过程。适于养鱼的多级氧化塘一般6~7级，养鱼塘面积可占氧化塘总面积的30%~50%。

生物监测

水体污染的生物学监测方法比较多，用水生生物群落的变化、物种类型与个体数量的变化、动态特征、受害程度、水生生物体内富集毒物积累、突变等生态学各不同层次，均可作为监测手段。如基于毒物或污染物排入水体后水质发生一系列变化，接近污染源往往污染较严重，因河水有自净能力，随距离增加河水逐渐净化的原理，将水体划分为多污带、中污带、寡污带等，并存在相应的生物群落，耐污的种类及其数量按以上顺序逐渐减少，而不耐污的种类和数量逐渐增多，建立了污水生物系统。一般由群落优势的变化可大约推测出水质污染程度的变化。同样，可以采用群落学中的数学方法，如生物指数、多样性指数等加以反映。

土壤污染的生态治理

土壤污染的生物防治指通过生物降解或吸收而净化土壤。实际上污染物进入土壤后，由于土壤的自净作用使其数量和形态发生变化，而使毒性降低甚至消除。土壤自净能力的高低一方面与土壤的理化性质，如土壤黏粒、有机质含量、土壤温湿度、酸碱度、阴阳离子的种类和含量等有关，另一方面受土壤微生物的种类和数量的限制。当污染物超过土壤的最大自净能力时，便会引起不同程度的污染。而且对于一部分种类的污染物如重金属、固体废弃物、某些大分子化合物等其毒害很难被土壤的自净能力消除。因此可人为筛选、分离和培育对污染物有强吸收、降解能力的生物种，用于土壤污染的治理。

利用土壤的净化能力

土壤本身所具有的净化能力是消除、减缓土壤污染的一个重要特性，要预防土壤污染，需采取合理措施，提高土壤对污染物的容纳量，使污染减轻到最低限度。如增施有机肥，促进土壤熟化和团粒结构的形成，增加或改善土壤胶体的种类和数量，均可增加土壤容量，使土壤对有害物质的吸附能力加强，增加吸附量，从而减少污染物在土壤中的活性。分离培养和开发能分解和转化污染物的微生物种类，以增强微生物降解作用，提高土壤净化能力，是近年来发展较快的新途径。

微生物防治

细菌产生的一些酶类能将某些重金属还原，且对镉（Cd）、钴（Co）、镍（Ni）、锰（Mn）、锌（Zn）、铅（Pb）、铜（Cu）等具有一定的亲和力。如 Citrobactersp 产生的酶能使 U、Cd、Pb 形成难溶磷酸盐；意大利从土壤中分离出的某些菌种，可抽取出酶复合体，能降解 2,4－D 除草剂；日本研究出土壤中红酵母和蛇皮藓菌，能降解剧毒性聚氯联苯达 40% 和 30% 。Barton 等人分离出来的 Pseudomonas mesophilica 和 P. maltophilia 菌种能将硒酸盐和亚硒酸盐还原为胶态硒，将二价铅转化为胶态铅，胶态铅和胶态硒不具有毒性且结构稳定。

利用植物进行土壤污染的防治

在长期的生物适应进化过程中，少数生长在重金属胁迫土壤中的植物产生了适应能力。这些植物对重金属胁迫的适应方式有3种，即不吸收或少量吸收重金属元素；将吸收的重金属元素结合在植物地下部分使其不向地上部分转移；大量吸收重金属元素并保存在体内，并能正常生长。因此可利用第三种植物来去除土壤中的重金属。如铁角蕨属的一种植物，有较强的吸收土壤中重金属的能力，对土壤中镉的吸收率可达10%，连种多年，可降低土壤含镉量。除了重金属外，植物还可以净化土壤中的其他污染物如砷类化合物、石油化工污染、农药等。

此外，某些鼠类和蚯蚓对一些农药也有降解作用。应用微生物和其他生物降解各种污染物的处理技术尚需进一步探索。

工程手段治理

工程手段治理土壤污染包括客土、换土和深翻。客土法就是向污染土壤加入大量的干净土壤，覆盖在表层或混匀，使污染物浓度降低或减少污染物与植物根系的接触，达到减轻危害的目的。换土法就是把污染土壤取走，换入新的干净的土壤，该方法对小面积严重污染且污染物又易扩散难分解的土壤是有效的，可以防止扩大污染范围，但换出的污染土壤要合理处理，以免再度形成污染。在污染较轻的地方或仅有表土污染的地方，可采取将表层污染土壤深埋到下层，使表层土壤污染物含量减低。

改变土壤的氧化还原条件

大多数重金属形态受氧化还原电位的影响，因此改变土壤氧化还原条件可减轻重金属危害。据研究，水稻在抽穗到成熟时，大量无机成分向穗部转移，此时保持淹水可明显减少水稻籽粒中镉、铅等的含量。在淹水还原状况下，这些金属可与 H_2S 形成硫化物沉淀，降低重金属活性，从而减轻土壤污染的危害。

增施抑制剂

对于重金属污染的土壤，施用石灰、磷酸盐、硅酸盐等，使之与重金属污染物生成难溶性化合物，降低重金属在土壤及植物体内的迁移，减少对生态环境的危害。

生物监测

有关土壤污染的生物监测，国内外文献报道尚少，但也有人利用动植物变异性特征和耐性来作土壤污染的生物监测，如用土壤动物种类和数量的变化，以及生长在受污染土壤上的植物形态特征的变化进行监测等。

噪声污染的生态治理

目前，国内外综合防治噪声污染主要从两个方面进行：①从噪声传播分布的区域性控制角度出发，强化城市建设规划中的环境管理，贯彻土地使用的合理布局，特别是工业区和居民区分离的原则；②从噪声总能量控制出发，控制各类噪声源机电设备的制造、销售和使用，即对污染源本身直接采取限制措施。

科学规划

制定科学合理的环境规划和城市区域环境规划，划分每个区域的社会功能，加强土地使用和城市规划中的环境管理，规划建设专用工业区，组织并帮助高噪声企业实施区域集中整治，对居住生活地区建立必要的防噪声隔离带或采取成片绿化等措施，缩小工业噪声的影响范围。为了减少交通噪声，应加强城市绿化，必要时在道路两旁建立噪声屏障，并制定限制鸣笛、限速行驶等规定，使城市噪声降到最低。

控制噪声源

城市管理职能部门要有组织有计划地调整、搬迁噪声扰民严重的中小企业；对于未列入搬迁计划的噪声源企业或机械设备，应加强管理，督促其使用隔音、消声等设施，减轻噪声危害；市区和城郊严格执行有关环境影响评价和“三同时”（指污染企业必须与其配套的污染治理设施同时设计、同时施工、同时投产）项目的审批制度，以避免产生新的噪声源。

加强监测管理

使用噪声污染现场实时监测技术，对企业、闹市区和交通要道进行噪声污染跟踪监测监督，及时有效地采取防治措施；建立噪声污染申报登记管理制度，充分发挥社会和群众的监督作用，积极消除噪声扰民事件。对不同的噪声源机械设备实施必要的产品噪声限制标准和分级标准，加强对制造厂商的管理，使机电产品的噪声控制有据可依

采用高科技

建立有关研究和技术开发、技术咨询机构，为各类噪声源设备制造商提供技术指导；加强吸声、消声、隔声、隔震等专用材料的研究和开发，为有效控制噪声提供物质保障。

生态安全与生态恢复

生态安全特征

2006 年 6 月 5 日是第 35 个世界环境日，我国提出了“生态安全与环境友好型社会”的主题。时任国家环保总局副局长的吴晓青在出席生态安全高层论坛时指出，生态安全是国家安全的重要组成部分。说明生态安全是当前社会一个不可忽视的问题，我国正在为促进生态安全方面的工作进行着不懈的努力。

生态安全是近年来提出的新概念，有广义和狭义两种含义。前者是国际应用系统分析研究所提出的定义，即生态安全是指在人的生活、健康、安乐、基本权利、生活保障来源、必要资源、社会秩序和人类适应环境变化的能力等方面不受威胁的状态，包括自然生态安全、经济生态安全和社会生态安全，组成一个复合人工生态安全系统。狭义的生态安全是指自然和半自然系统的安全，即生态系统完整性和健康的整体水平反映。功能不完全或不正常的生态系统就是不健康的生态系统，其安全状况处于受威胁之中。国际生态安全合作组织在其评估体系中指出：生态安全通常是指主体存在的一种不受威胁、没有危险的状态。由水、土、大气、森林、草原、海洋、生物组成的自然生态系统是人类赖以生存、发展的物质基础。当一个国家或地区所处的自然生态环境状况能够维系其经济社会可持续发展时，它的生态就是安全的；反之，就是不安全的。

生态安全有如下的特征：

1. 生态影响的深远性。导致生态危机诸因素的生成、作用和消除时间，比起影响军事、政治、经济安全的诸因素都要长得多。由于生态失衡带来的影响是缓慢表现出来的，因此生态影响对后代的影响远远大于当代。这就是生态影响的深远性。

2. 生态后果的严重性。相当一些生态过程一旦超过其“临界值”，生态系统就无法恢复，受到人类破坏的大自然的报复或者不给人类机会，即让后来者没有纠正错误和“重新选择”的余地，或者要付出十倍、百倍于当初预防和及时治理的代价。恩格斯早在100多年前就告诫我们：“不要过分陶醉于我们对自然界的胜利。对于每一次这样的胜利，自然界都报复了我们。”如2004年印度洋大海啸死亡人数达22.6万，经济损失超过130亿美元。

3. 生态破坏的不可逆性。生态环境的支撑能力有其一定限度，生态破坏一旦超过其环境自身修复的阈值，往往造成不可逆转的后果。比如，野生动植物物种一旦灭绝就永远消失了，人力无法使其重新恢复；再如，我国西南地区出现的“石漠化”土地，流失的土壤是人力很难恢复的，可以说是不可逆转的。

4. 生态恢复的长期性。许多生态环境问题一旦形成，若想解决就要在时间和经济上付出很高代价。比如改变沙化土地，使之恢复原来的面貌，往往要数十年甚至几代人的努力，经济代价也很高。如云南滇池污染的治理历时10年，投入40多亿元，但治理效果却不明显。

5. 生态系统的整体性。生态环境的大系统中一切都是相连相通的，任何局部环境的破坏，都有可能引发全局性的灾难，甚至危及整个国家和民族的生存条件。气象学家洛伦兹1963年提出来的蝴蝶效应很好地说明了生态系统的整体性。一只南美洲亚马逊河流域热带雨林中的蝴蝶，偶尔扇动几下翅膀，可能在2周后在美国得克萨斯引起一场龙卷风。其原因在于：蝴蝶翅膀的振动，导致其身边的空气系统发生变化，并引起微弱气流的产生，而微弱气流的产生又会引起它四周空气或其他系统产生相应的变化，由此引起连锁反应，最终导致其他系统的极大变化。

人类历史上曾经出现过多起这方面的例子。比如美索不达米亚平原上的巴比伦文明、地中海地区的米诺斯文明、巴勒斯坦“希望之乡”等文明的相继衰弱和消亡，都是生态环境破坏导致的可悲后果。我国唐代时丝绸之路，沿线许多地区还是森林密布，河流不息，出现了许多繁荣的城镇。随着不适当的垦殖和对森林的砍伐，加上气候的恶劣，才变成今天这种大面积不毛之地。在黄河流域，先秦时期还是植被茂密，黄土高原森林覆盖率超过50%，我们的先民逐水而居，创造了辉煌的古代文明。自秦统一中国之后，由于毁伐森林，无节制地开垦，到唐代安史之乱后，昔日繁华的黄河流域竟到了“居无尺椽、人无烟灶、萧条凄惨、兽游鬼哭”的地步。从当前来看，许多环境问题也都是由小范围、小局部逐渐蔓延扩大成大范围、大区域性的问题。

6. 生态安全的全民性。生态安全关系到人类每一个个体的安全，保护生态安全是每个人的责任。即使是单个人对环境的破坏，也会影响到生态的安全，因此生态安全具有全民性。只有每个人都参与到环境建设中，从一点一滴做起，积极开展环保公益活动，弘扬环境文化，倡导生态文明，才能在全社会形成保护生态环境的良好氛围，才有利于生态安全的建设。

7. 生态安全的全球性。地球环境是一个有机的共同体，因果关系千丝万缕，生态破坏绝不会因一墙之隔而得到抑制，更不会因人为的某种界限或武装力量的抵御而受阻隔。人类只有一个共同的地球，一损俱损，受损的生态环境在影响一国的同时对他国也存在着不容忽视的影响。因此，生态安全是跨国界的。如国际性河流中，上游国家的污染物排放或渗漏，可能危及下游国家的用水安全。实际上，目前世界各国已经面临各种全球性环境问题，包括气候变化、臭氧层破坏、生物多样性迅速减少、土地沙化、水源和海洋污染、有毒化学品污染危害等。在生态安全问题上，各国有着相当广泛的共同利益，因此也最有可能开展国际合作。

生态安全体系

生态安全本质上是围绕人类社会的可持续发展，促进经济、社会和生态三者之间和谐统一。它既是可持续发展所追求的目标，又是一个不断发展的体系。具体来说，生态安全是一个由生物安全、环境安全和系统安全3方面组成的动态安全体系。

考虑经济和社会因素对生态安全体系的影响，经济安全就构成了生态安全的动力和出发点，而生物安全、环境安全则构成了生态安全的基石。

生物安全

1. 生物多样性的消失。地球上动物、植物和微生物之间相互作用以及与其所生存自然环境间的相互作用，形成了地球上丰富的生物和生态系统多样性。由于食物链的作用，地球上每消失一种植物，往往有10~30种依附于这种植物的动物和微生物也随之消失。每一物种的消失，必然减少自然和人类适应变化条件的选择余地。生物多样性的减少，不仅恶化了人类和其他生物的生存环境，而且限制了人类和其他生物生存和发展机会的选择，甚至严重威胁人类和其他生物的生存与发展。

2. 生物入侵。前面我们已经讲过生物入侵是指外来物种给当地生物和环境造成的危害，而这种危害常常是灾难性的。

3. 转基因生物。人类为了自身的生活并获得足够的食物，大量运用现代科学技术来改造目前人类栽培、养殖的生物和基因，出现了转基因生物，这对于一个地区和全球生态系统是福是祸仍然是一个未知数，因此就存在转基因生物的安全性问题。地球上的生物经过千百万年的演变进化，各自拥有区别于其他物种生物并且相对稳定的遗传物质基础——基因。在自然规律下，交叉繁殖只会在相同的物种之内发生，使得物种的变化速度相对缓慢。现代生物技术的迅速发展，在给人类带来巨大利益的同时，基因技术的进步对自然界中存在的生物种群也带来了基因杂交、漂移、变异的风险。大量的转基因生物形成了特殊的生命形式，以超过自然进化千百万倍的速度介入到自然界中来。这是否会打破自然界的生态平衡，从而导致对环境的危害？不得而知。转基因生物对生态环境的潜在威胁可能造成农作物品种单一化、形成害虫害草的抗药性，威胁生物多样性及其生物遗传。转基因生物还可能导致野生生物种类资源缺失，并极有可能使变异后的基因或转基因通过生态和遗传渠道影响整个地球的生物和生存环境。

环境安全

在现代化的工业生产和农业生产过程中，诸如工业“三废”、化肥、农药等物质对人类生存的环境造成了巨大的环境危害，加上人类的生活方式和大量消耗能源，造成全球气候变暖、臭氧层破坏、生物多样性的减少和区域性的酸雨等，通过食物链以及物质和能量的流动转移，所有这些问题会在生物、环境中积累，最终在生态系统安全方面爆发和体现，从而威胁到整个地球。

系统安全

生态系统安全主要受人类土地利用与覆盖变化的驱动力及其动态的影响。大量案例研究表明，土地利用与覆盖变化是在自然的生物物理条件与人类社会因素共同作用下，在不同时空尺度上所表现出来的一系列景观变化。其中气候变化、水文条件的变化、土地使用制度的变化、经济体制的变化、技术进步的变化、人类社会行为的变化是引起土地利用及其覆盖变化的主要因素。

国家生态安全

国家生态安全的内容

国家生态安全，是指一国生存和发展所处生态环境不受或少受破坏和威胁的状态。实现生态安全，主要是保持土地、水源、天然林、地下矿产、动植物种质资源、大气等生态资源的保值增值、永续利用，使之适应国民教育水平、健康状况所体现的“人力资本”以及机器、工厂、建筑、水利系统、公路、铁路等所体现的“创造资本”持续增长的配比要求，避免因自然资源衰竭、资源生产率下降、环境污染和退化给社会生活和生产造成短期灾害和长期不利影响，实现经济社会的可持续发展。对于经济快速稳步发展的我国来讲，人口、资源、环境问题日益突出，高度重视国家生态安全势在必行。

当前国家生态安全的内容主要有 4 个方面：国土资源安全、水资源安全、大气资源安全和生物物种安全。

1. 国土资源安全。国土资源安全是指国土资源的数量、质量和结构始终处于一种有效供给状态，即在动态上满足当代人和未来所有人发展的需要。国土是一个民族赖以生存的最基本条件，国土资源的多少和优劣是决定一个国家生态安全程度的重要因素，特别是我国这样一个人口众多的发展中大国。目前我国水土流失总面积 356 万平方千米，占国土总面积的 37.1%，其中水蚀面积 165 万平方千米，风蚀 191 万平方千米。我国荒漠化土地面积占国土总面积的 27.9%，而且每年仍在增加 1 万多平方千米，近 1/3 人口的耕地和家园正遭受荒漠化的威胁。2003 年全国净减少耕地 253.74 万公顷。森林资源和草地面积正在逐年减少，湿地受到中度和严重威胁，其他生态系统也退化严重，造成生态功能下降，生态平衡失调，已对国土安全构成非常严重的威胁。另外，还要占用大量的土地资源来储存垃圾，一些难降解、有毒有害的化学品污染物将在一个较长的时间内引发环境危害。

2. 水资源安全。水资源安全就是指水资源的可持续利用，或者是水资源的供给和需求的动态平衡。我国水资源占世界水资源总量的 8%，但人均水资源占有量却仅为世界平均水平的 1/4，是世界上 13 个贫水国家之一。我国可利用水资源为 8000 亿 ~ 9000 亿立方米，现在一年的用水总量已达到 5600 亿立方米，预计到 2030 年全国用水总量将达到 7000 亿 ~ 8000 亿立方米，接近我国可用水资源的极限。目前有 2/3 的城市出现供水不足，上百个城市甚至严重缺水，3.6 亿农村人口饮水未达到卫生标准。现有水资源浪费、污染严重，河流污染由局部发展到整体，由城市发展到乡村，由地表发展到地下。许多废水未经任何处理就排入江河湖海，导致我国主要河流普遍被污染，75% 的湖泊出现不同程度的富营养化。海洋污染也比较严重……水资源的危机已经对我们敲响了警钟。

3. 大气资源安全。大气资源安全是指大气质量维持在受纳体可接受的水平或不对受纳体造成威胁和伤害的水平。目前我国向大气中排放的各种废气数量很大，远远超过大气的承载能力。

众所周知，地球被一层大气紧紧围裹着，从地面算起，从下而上可分为五层：对流层、平流层、中间层、电离层和散逸层。离地面最近的对流层与人类最为密切，给人类带来了云、雨、雾、风、霜、雪等复杂的天气现象；而对流层上方的平流层中有一臭氧层，其浓度为10%，厚度为30公里，能大量吸收来自宇宙的辐射，特别是可以吸收掉99%的太阳辐射到地球的紫外线，从而使地球上的生物免受伤害。所以，臭氧层被誉为“人类的保护伞”，如失去了这个“保护伞”，地球将受到紫外线强烈辐射，物种将难以生存，人类的健康将受到极大的威胁。

谁能想到，臭氧空洞的罪魁祸首是在工业和生活中使用频繁的制冷剂氯氟烃。夏天喝冰镇饮料曾经是古代帝王专享的权利，近半个世纪以来，由于工业的发展，人们越来越广泛地使用性质比较稳定、不易燃烧、易于贮存、价格又比较便宜的氯氟烃类物质来做致冷剂、喷雾剂、发泡剂及清洗剂。这些物质可以在大气中长期存在并破坏臭氧层，从而危害人类的身体健康和影响生物生长。

4. 生物物种安全。生物物种安全是指生物及其与环境形成的生态复合体、相关生态过程达到一种平衡的状态，保证物种多样性、遗传多样性和生态系统多样性。我国是世界生物物种最丰富的国家之一，但现在已经有1431种动植物处于濒危或接近濒危状态，《国家重点保护植物名录》公布的珍稀濒危野生植物354种，《国家重点保护动物名录》公布的珍稀濒危野生动物405种。由于野生资源的日益减少，造成全国经常使用的500多种药材每年约有20%短缺，尤其是占药材市场80%供应量的野生药材严重短缺，对中药产业的发展带来了不利影响。同时，外来物种不断侵入我国，威胁到我国生物物种的安全。

我国生态安全现状

我国生态资源严重短缺，生态环境极其脆弱，随着城镇化和工业化的发展，人口增长和资源开发利用对生态环境的压力越来越大，生态安全面临更加严重的威胁，必须采取有效措施，努力维护国家生态安全。

1. 生物生态堪忧。主要集中在生物入侵、生物多样性减少、生态失衡等方面。由于森林砍伐、湿地开发、外来生物物种入侵以及人类的其他活动，导致我国野生动物生存空间急剧缩小。近50年来，我国约有200种植物灭绝；脊椎动物受威胁的有433种，灭绝和可能灭绝的有10余种，还有20余种珍稀动物面临灭绝的危险。

2. 土壤生态问题恶化。区域性土壤环境质量下降，酸化、盐碱化和荒漠化等生态问题日益突出，土壤污染呈现出多样性和复合性，已有约1/7的耕地受到重金属污染。我国受酸雨影响面积已占国土面积的1/4，长期的酸雨加速了土壤的酸化过程，导致农业生态环境急剧恶化。土壤次生盐碱化危害严重，盐碱化土地面积约占国土面积的1/10左右，造成可利用土地面积减少，农产品产量下降。土壤荒漠化使土地资源大量丧失，区域生态环境恶化加剧。虽然我国为防治土地荒漠化开展了大量卓有成效的工作，但目前荒漠化的态势尚未得到根本控制。我国荒漠化土地面积约占国土面积的8.7%。由于城市与经济的发展，建设用地与耕地矛盾突出。

3. 水患问题繁多。表现为淡水资源匮乏，水体污染严重，水涝灾害频繁。由于人口基数大，我国人均水资源占有量低，水资源分布贫富不均，主要河流污染严重，水质差。由于农业灌溉技术落后、水利设施不配套、城市管网水漏失等原因，导致水资源利用率低，浪费严重。为了获得淡水资源，人们加大对地下水的开采力度，导致地下水耗竭，地表塌陷、山体滑坡等生态问题。目前全国70%以上的河流湖泊遭受不同程度污染，水质的恶化严重威胁着人民群众的身心健康。近年来我国洪涝灾害出现频繁，造成了巨大的损失。2006年，重庆市遭遇百年不遇的特大干旱。同年，8次台风过境使我国部分省市遭遇不同程度的洪灾。台风“碧利斯”来袭时，湖南、广东、福建的一些地方出现了大暴雨或特大暴雨，一些地方出现严重的洪涝灾害，共有800多万人受灾。

4. 环境生态问题严重。环境污染是破坏生态平衡、危及生态安全的罪魁祸首。人类功利地对大自然的盲目攫取和征服，造成了严重的环境污染，引发了一系列的生态环境问题，严重威胁着国家的生态安全。

我国生态环境恶化的原因是多方面的，既有自然原因，更有人为因素，主要是长期沿袭的粗放型经济增长方式和资源不合理开发利用。同时，一些地方的环境和资源保护监管薄弱，重开发轻保护、重建设轻管理，也是造成生态恶化的重要原因。保护生态资源是我国实施可持续发展战略的重要条件之一，在今后的经济发展中，我国将全民动员，保护生态环境，建设生态环境，使生态环境保持持续、稳定、发展的态势。

干扰与退化生态系统

学者怀特和皮卡特将干扰定义为：任何在时间上相对不连续的事件，它破坏了生态系统、生物群落或生物种群的结构，改变了资源或物理环境。他们列出了26种主要的扰动源，分为非生物的（如火灾、飓风、冰雹、山洪等）和生物的（病菌、捕食、人为扰动等）。干扰又称扰动，从群落演替角度来讲，另一种比较形象的理解方式为：干扰能够不连续地、间断性地杀死、替代或损害一个或多个个体，从而为新来的个体或集群的建立创造机会。

中度水平的扰动会使生物多样性在原来的基础上有所提高，而高、低强度的扰动都会使多样性下降。在一次干扰后少数生物物种能够生长在干扰发生后的相对恶劣的环境中（这类生物物种称为先锋种），如果干扰发生次数过于频繁，则先锋种不能发展到演替中期，导致生物多样性降低；如果干扰间隔时间长，使演替能够发展到顶级期，则多样性也不会很高；只有中等程度的干扰，才能使群落多样性维持最高水平，它允许更多物种入侵和定居。

自然干扰对生态系统的影响相对较小，人为因素往往能使生态系统的结构和功能发生剧烈变化。人类为了使环境朝着有利于自身的方向发展，总是不断地改造自然、征服自然，其结果是局部环境得到了改善，但人为干扰所导致的生态系统退化，最终引起生态环境恶化，不利于人类本身的可持续发展。

退化生态系统是指在自然或人为干扰下形成的偏离自然状态的系统。

退化生态系统可以分为很多种类型，以陆地为例可分为裸地、森林采伐地、弃耕地、沙漠化地、采矿废弃地和垃圾堆放场等，是典型的退化生态系统；根据生态系统的层次与尺度，又可分为局地退化生态系统、中尺度的区域退化生态系统和全球退化生态系统。

与成熟生态系统相比，退化生态系统表现出以下一系列特征：①在系统结构方面，退化生态系统的物种多样性、生化物质多样性、结构多样性和空间异质性低。②在能量学方面，退化生态系统的生产量低，系统储存的能量低，食物链简短，食物网相对简单。③在物质循环方面，退化生态系统中总有机质存贮少，矿质元素较为开放，无机营养物质多存贮在环境中，而较少存贮于生物中。④在稳定性方面，由于退化生态系统的组成和结构单一，生物之间的联系简化，因此退化生态系统对外界干扰显得较为脆弱和敏感，系统的抗干扰能力和自我恢复能力低。

生态恢复

生态恢复是一门涉及面广的学科，我们可以称之为恢复生态学。恢复生态学是研究生态系统退化的原因、退化生态恢复与重建的技术与方法、生态学过程与机理的科学。研究内容主要涉及两个方面：①生态系统退化与恢复的生态学过程，包括各类退化生态系统的成因和驱动力、退化过程、特点等；②通过生态工程技术对各种退化生态系统恢复与重建模式的试验示范研究。生态恢复研究主要目标是恢复被损害的生态系统到接近于它受干扰前的自然状况，即重建该系统干扰前的结构与功能有关的物理、化学和生物学特征。

大自然具有很强的恢复能力，大多数情况下，人类需要的是减少对生态系统的干扰，采取适当的措施控制火灾、虫灾和杂草，自然界所具有的顽强能力，将逐渐恢复并实现生态系统的各种功能。不过除了自然恢复以外，我们还可以采用生态恢复的方法。

什么是生态恢复

生态恢复指通过人工方法，按照自然规律，使生态系统恢复到干扰前的状态。生态恢复的含义远远超出以稳定水土流失地域为目的的种树，也不仅仅是种植多样的当地植物；其目的是试图重新创造、引导或加速自然演化过程。人类没有能力恢复天然系统，但可以帮助自然。如把一个地区需要的基本植物和动物放到一起，提供基本的条件，然后让它自然演化，最后实现恢复。因此，生态恢复的目标主要是创造良好的条件，促进一个群落发展成为由当地物种组成的完整生态系统，或者说是为当地的各种动物提供适宜的栖息环境。生态恢复的具体目标主要有 4 个：恢复诸如废弃矿地等极度退化的生境；提高退化土地上的生产力；在被保护的景观内去除干扰以加强保护；对现有生态系统进行合理利用和保护，维持其服务功能。

恢复生态的方法

1. 物种框架法：建立一个或一群物种，作为恢复生态系统的基本框架。这些物种通常是植物群落中的演替早期阶段（或称先锋）物种或演替中期阶段物种。这个方法的优点是只涉及一个（或少数几个）物种的种植，生态系统的演替和维持依赖于当地的种质资源（或称“基因库”）来增加物种和生命，并实现生物多样性。这种方法最好是在距离现存天然生态系统不远的地方使用，例如保护区的局部退化地区恢复，或在现存天然斑块之间建立联系和通道时采用。应用物种框架方法的物种选择标准：①抗逆性强：这些物种能够适应退化环境的恶劣条件。②能够吸引野生动物：这些物种的叶、花或种子能够吸引多种无脊椎动物（传粉者、分解者）和脊椎动物（消费者、传播者）。③再生能力强：这些物种具有“强大”的繁殖能力，能够帮助生态系统通过动物（特别是鸟类）的传播，扩展到更大的区域。④能够提供快速和稳定的野生动物食物；这些物种能够在生长早期（2 ~ 5 年）为野生动物提供花或果实作为食物，而且这种食物资源是比较稳定的和经常性的。

2. 最大多样性法：尽可能地按照该生态系统退化以前的物种组成及多样性水平安排物种从而实现生态恢复，需要大量种植演替成熟阶段的物种，而并非先锋物种。这种方法适合于小区域高强度人工管理的地区，例如城市地区和农业区的人口聚集区，要求高强度的人工管理和维护。

恢复生态的途径

1. 恢复原生生态系统。实践表明，恢复原生生态系统是一种过于追求“理想主义”的途径：一是恢复的目标具有不确定性，即恢复某生态系统历史上哪一个时间阶段的状态；二是“恢复”这个词有静态的含意，因而恢复不仅要试图重复过去的环境，而且要通过管理以维持过去的状态，但事实上自然界是动态的；三是由于气候变化、关键种缺乏或新种入侵，完全恢复原生态系统几乎是不可能的。

2. 生态系统的修复。生态系统修复强调的是改良、改进、修补和再植。改良强调当地条件的改善以使原有的生物生存和繁衍；改进强调对原有受损系统的结构与功能的提高；修补是修复部分受损的结构；再植除了包括恢复生态系统的部分结构和功能外，还包括恢复当地先前的土地利用方式。

3. 生态系统的重建。也叫生态更新，指生态系统发育的更新。有学者认为生态恢复就是再造一个自然群落或再造一个可以自我维持，并保持后代的可持续性发展的群落；还有学者认为，生态恢复是关于组装并试验群落和生态系统如何工作的过程。

资源与全球问题

资源与人口

自然资源是生态资源的主体，是人类生存发展的物质基础。自然资源与人口的矛盾即人类对自然资源日益增长的需求和自然资源供给相对有限的矛盾由来已久，贯穿着人类社会发展的全过程。人口问题的实质，在于人口的增长超出了自然资源的承载负荷。

由于历史的原因，发展中国家的人口、发展与环境三者之间形成了一个恶性循环的怪圈。20 世纪 90 年代 10 亿人降生到了这个世界上来，其中多数出生在已经滑向生态环境毁坏边缘的发展中国家——统计数字表明世界人口增长部分的 54% 在非洲和南亚，然而，这些国家却无法满足他们对食品、衣服和住房的基本需要。迫于生计，人们不得不毁林开荒，围湖造田，肆意伐捕，大量不合理的开发活动超过了大自然诸多支持系统的支付能力、输出能力和承载力。

人口基数的庞大使得一个多世纪以来发生了世界性的人口爆炸：自有人类社会以来，经历了数百万年——直到 1800 年前后世界人口才增长到 10 亿；但以后仅仅用了 130 年，即到 1930 年前后就增加了第二个 10 亿；到 1960 年，加上第三个 10 亿只用了 30 年；到 1975 年，加上第四个 10 亿只用了 15 年；到 1987 年，加上第五个 10 亿只用了 12 年……到 2016 年世界总人口数已经达到了 73 亿。人口的恶性膨胀对经济发展和环境施加了越来越大的压力。

一面是人口的剧增，一面是资源基础的持续削弱，从而带来了对人类生存和发展的严重威胁。

人口增长对土地资源的影响

土地资源是人类赖以生存的基础。在人类生存所需的食物能量的来源中，耕地上生长的农作物占 88%；草原和牧区占 10%；海洋占 2%。有人预测，随着对海洋的开发利用，海洋为人类提供的食物能量将会增加。从目前来看，全球适于人类耕种的面积约为 30 亿公顷，人均只有 0.5 公顷。但是，这有限的耕地资源仍在不断地减少。其主要原因是：①由于人口的增长，城乡的不断扩展、工矿企业的建设、交通路线的开辟等，每年约有 1000 万公顷耕地被占用。②为了解决因人口增加而增加的粮食需求，一方面对土地过度利用，其结果是耕地表土侵蚀严重，肥力急剧下降；另一方面为了增加耕地面积，不得不砍伐森林、开垦草原、围湖造田，其结果破坏了生态平衡。上述两个方面的最终危害是导致土地沙化。全世界每年因沙化丧失的土地达 600 万 ~700 万公顷。③为了提高单位面积粮食产量，除了推广优良品种，改良土壤和精耕细作外，就是大量施用化肥和农药。而后者已成为污染土壤的重要因素。上述原因促使世界人口增长与土地资源减少之间的矛盾越来越尖锐，人口增长对土地资源的压力越来越大。

我国的情况更为突出，随着人口的增加，尽管每年都开垦一定数量的荒地，但人均耕地面积还是逐年减少：1950 年为 0.18 公顷；1980 年下降到 0.1 公顷；1990 年又下降到 0.085 公顷。按此速度发展下去，估计到 2000 年，人均耕地面积只有 0.069 公顷了。也就是说，由于人口的增加，每公顷耕地需要养活的人口数在不断增加：1950 年为 5.5 人；1980 年增加到 9.8 人；1990 年增加到 11.8 人；到 2000 年每公顷耕地就要养活 15 人。

我国耕地变化的宏观趋势如下：

1. 2005 ~2010 年耕地减少较多。“十五”期间是工业化处于加速发展时期，在原来土地集约利用水平不变的条件下，建设占用耕地的数量呈增加的趋势。积极推进生态退耕的政策也导致了耕地的减少。

2．2010～2020 年减少数量变小。2010～2020 年期间是服务业主要拉动经济的时期，土地要素的投入相对减少。产业建设占用耕地数量减少，但城市化仍处于快速发展时期，建设仍然要占用一定的耕地。如果生态退耕的规划到 2010 年基本完成，而农业结构调整减少耕地数量也会由于市场的不断完善而趋于稳定。如果补充耕地得到鼓励，耕地减少的数量将趋于减少。

3．2020 年以后耕地减少数量趋于平稳。届时，工业化处于后期阶段，城市化当发展到 70% 以后将进入到逆城市化阶段，城市重建将得到重视，耕地作为绿色空间的功能将得到加强。建设占用减少耕地的数量将会趋于平稳。

而我国人口自然增长率虽已降到 1% 以下，但人口增长的势态依然不容乐观，人口仍以每年 800 万～1000 万的数量增加，新生儿以每年 1000 万～2000 万的数量出生。因此可见，在我国现阶断及以后相当长一段时期内，土地与人口的矛盾依然很严峻。

人口增长对水资源的影响

淡水是陆地上一切生命的源泉。地球上的淡水资源并不丰富。淡水资源主要来自大气降水。大陆每年总降水量为 11 万立方千米，但被人类利用的只有 7000 立方千米。即使加上人类通过筑坝拦洪每年所控制的 2000 立方千米左右，人类可以利用的淡水也只有 9000 立方千米。

由于人口分布极不均匀，降水的分配量无论在空间上还是时间上也都极不均匀。因此，世界上许多地区淡水不足。加上人口激增，用水量不断增加，使本来就不丰富的淡水资源显得更加紧张，目前全世界已有十几个国家发生水荒。

我国的淡水资源比较丰富，但按人均占有量来看，水资源并不多。目前，我国可利用水量年均只有 1.1 万亿立方米。由于人口分布不均匀，水资源分布不均匀，造成不少地区缺水。根据我国经济发展规划，2000 年工农业总产值预计比 1980 年翻两番，年均增长率为 7.18%，这就意味着用水量也要逐年增加。另外，在保持人均耗水量不变的情况下，每年至少应该增加1.2%的用水量，这就给本来已经十分紧张的水资源带来更大的压力。再有，因“三废”排放而造成的水质污染，减少了有限的淡水资源，突出了水资源的危机。

人口增长对能源的影响

能源是人类生活和生产所必需。随着人口增加和工业现代化进展，人类对能源的需求量越来越大。据统计，1850～1950年的100年间，世界能源消耗年均增长率为2%。而20世纪60年代以后，工业发达国家年均增长率达到4%～10%，出现能源紧缺。化石燃料属不可再生资源，储量是有限的，而世界能源消耗增长是必然趋势，因此，能源危机是世界性的，它的出现只是一个时间早晚的问题。

人口增长不仅使能源供应紧张，缩短了煤、石油、天然气等化石燃料的耗竭时间，而且还会加速森林资源的破坏。因为发展中国家的燃料主要来源于树木。

我国能源的储量和产量绝对数量很大，但人均占有量很少。在现代社会中，要满足衣食住行和其他需要，人均能源年消耗量不得少于1.6吨标准煤。发达国家远远超过此数量，以美国为例，1979年美国人均消耗能源折合标准煤达12.4吨，相当于世界人均水平的6倍。

人口增长对大气质量的影响

人口的快速增长必然要消耗大量的能源、矿物资源和其他物料。上述物质在燃烧、冶炼和生产过程中把大量的二氧化碳、氮氧化物、硫氧化物、碳氢化合物等排入大气，这些污染物质经过物理、化学、光化学反应，引起酸雨、光化学烟雾、臭氧层空洞及温室效应，破坏了大气质量，使全球气温上升，影响气候，从而引起生态系统平衡的失调。

此外，人口增长也对城市环境和工业发展产生影响。城市人口激增，已造成就业困难和社会问题，而且带来城市环境的严重污染，包括大气和水的污染以及噪声、垃圾、恶臭等危害。

为了最大限度地解决就业问题，在企业中很难采用自动化技术与设备来提高劳动生产率。一些小厂设备差、技术弱、排放“三废”浓度高，对环境污染很严重，使社会经济与生活环境的矛盾更为突出，以致阻碍了工业的持续发展。

关于人口增长对环境的影响，D. L. Meadows 提出了一个“人口膨胀—自然资源耗竭—环境污染”的世界模型并作了形象的概括。该模型认为，人口激增必然导致下列3种危机同时发生：

1. 土地利用过度，因而不能继续加以使用，结果引起粮食产量的下降。

2. 自然资源因世界人口过多而发生严重枯竭，工业产品也随之下降。

3. 环境污染严重，破坏惊人，从而使粮食急剧减产，人类大量死亡，人口增长停止。

应该承认，该模型只是一种纯数字计算的结果，它忽视了人类控制自身发展的主观能动性。该模型在某种程度上过分地宣扬了人多为患的论点，但也确实反映了生态平衡与人口增长的密切关系。

资源与生态环境

自然资源无节制的不合理开发利用是产生严重的环境生态问题的直接原因。由于人口剧增，经济发展规模的扩大，人类不得不一次又一次地向大自然索取；自然资源基础的削弱，使下一代人将面临前所未有的环境挑战。世界银行1992年发表的一份报告表明：1990～2030年，世界人口将增加37亿，达到85亿。因此，粮食产量需要翻番。全球的工业产出和能源使用量很可能增长2倍，而发展中国家增长更多，将增长5倍。伴随这种发展而来的是严重的环境破坏。这些环境生态问题基本上是由于资源的不合理开发造成的。

全球沙漠化

全世界已有99个国家受到沙漠化的危害，沙漠化造成的全球性损失估计每年高达420亿美元。其中受沙漠化损失最大的是亚洲，每年损失达210亿美元；其次是非洲，为90亿美元；美洲为80亿美元；大洋洲为30亿美元；欧洲为10亿美元。可怕的是沙漠化还在全世界范围内蔓延。

森林在呻吟

虽然今天热带雨林只覆盖了全球面积的7%，但一半的生物物种栖息生长于此。从现在热带森林消失的速度看，不久的将来，将有百万个品种陆续消失。非洲撒哈拉地区是全球有名的干旱带，生态结构十分脆弱，而当地毁林与造林之比为29∶1，生态主体系统的破坏，正是整个撒哈拉地区生态环境急剧恶化的重要原因。

不言而喻，森林的破坏可以使自然灾害在更大范围内频繁发生。在大江大河的中上游地区，森林被砍伐，使陡峭的坡地上没有保护的表土加速被侵蚀，水库淤塞，并引起下游洪水泛滥。近几年来，孟加拉国、印度、苏丹、泰国以及我国相继发生的严重水灾，都与森林滥伐有关。水灾给灾区生命财产带来严重损失。森林锐减引起气候恶化，干旱加剧，土地退化，粮食减产，全球气候变暖。

水污染

水污染一方面造成淡水供应枯竭，另一方面直接威胁着成千上万人的健康和生命。目前全世界每年约有4200多万立方米的污水排入江河湖泊，污染了55000亿立方米的淡水。换句话说，全球径流总量的14%以上被污染了。水污染造成的饮水危机正席卷全球，发展中国家约3/5的人很难获得安全饮用水。被污染的饮用水导致每年成百万人丧生和10亿以上的人口患某些疾病，如伤寒和霍乱是通过带菌的饮用水传染的。

空气污染

工业排放，特别是与矿产资源冶炼有关的工业排放，如燃烧煤和汽油等使空气中有害物浓度急剧增加，使得许多城市的环境空气质量更加恶化，威胁着千百万人的健康。酸雨降落的势头有增无减，南极臭氧空洞的范围仍在扩大。

全球变暖

温室气体的排放源遍布全世界。矿物燃料的燃烧、砍伐森林等人类活动，造成了空气中温室气体浓度增加，加上大气中二氧化碳浓度的逐年上升，从而使地球温室效应增强，导致地球升温，从而改变气候。

气象学家们担心全球变暖将使阿尔卑斯山的积雪全部消融。专家们警告说，如果气温继续升高，再过几十年，阿尔卑斯山将不再有积雪。由于气候变暖，生长在阿尔卑斯山的一些植物群正以每年大约0.9144米的速度向山顶退移，如果到了无处迁移之时，这些植物就可能面临灭绝。科学家们还指出了今后50年中由于全球变暖的影响可能产生的一些变化。这些变化包括以下方面：如海平面升高，海洋风暴，热带风暴和土壤干燥，大气降水分布的变化，陆上海洋生态系统的破坏以及生物种灭绝等。

资源与贫困的纠结

穷国和富国之间、南北之间的差异和由此而引起的贫困问题，是当代又一个重大的全球问题。

第二次世界大战以后，一大批受殖民统治的亚、非、拉国家通过不屈不挠的民族解放斗争纷纷走上了独立的道路。这些新独立的国家在国际上处于受孤立的地位，经济上在很大程度上仍受工业化国家的控制。这些国家大体可以分为3类：①开始实行工业化的国家，如阿尔及利亚、委内瑞拉、马来西亚、菲律宾、巴基斯坦、巴西、墨西哥等；②经济增长潜力基本上依靠自然资源的国家，如产石油的石油输出国组织国家，产铜的刚果、赞比亚、智利、秘鲁，产锡的泰国、玻利维亚、印度尼西亚，产铝的牙买加、几内亚，产可可的加纳等；③缺乏自然资源且非常贫困的国家。战后这些国家在经济上都取得了一定的发展。20世纪50年代至70年代，其国民生产总值年均增长率约为5%。但在很大程度上仍无法完全摆脱发达国家的控制，经济上遭受严重剥削。表现在发展中国家大多粮食不能自给，采矿业、采油业受发达国家的控制。

石油方面，企业收归国有后，有些发展中国家依旧由外国企业经营，石油工业的下游产业，如炼油、运输、销售等环节仍在很大程度上受西方石油公司控制。

其他在外贸、技术和资金领域，发达国家对发展中国家也给予了较多的限制，迫使它们无法脱离其影响而真正走上经济自立的轨道。

发达国家在对发展中国家进行资源控制和掠夺的同时，也造成了他们对发展中国家的很大依赖。一是对能源的依赖。发展中国家的产油国控制了世界50%的进口量和70%～80%的出口量，发达国家所需石油的75%依靠发展中国家。二是对原料的依赖。除石油外，发展中国家为发达国家提供了农业和矿产原料的60%。美国13种基本工业原料中，进口量占国内消费量1/2以上的就有9种，其中大部分来自非洲。西欧、日本的矿产原料90%以上需要从发展中国家进口才能解决。三是对发展中国家市场的依赖。这一点在资本主义国家周期性经济危机时期更是如此。四是对投资场所的依赖。五是对石油资金回流的依赖。为进口所需石油，发达国家不得不花费巨额“石油美元”，仅中东地区每年就拥有700多亿美元。如此大量的石油美元如能够回流发达国家，当然是这些国家迫切期望的。到20世纪70年代初期，由于中东石油生产国同发达国家之间的矛盾，导致中东石油禁运，形成了全世界第一次波及范围空前的石油危机。以此为转折，少数工业国家垄断世界资源，控制世界经济的历史被冲破了一个缺口。第二次世界大战后发达国家依赖资源廉价供应而获得的持续增长时期开始终结，逐步进入了长期的持续的“滞胀”时期。

从人均消费水平来看，发达国家和贫困国家之间人均消费的资源量也极为悬殊。据统计，低收入国家人均能源消费量为339千克油当量，中等收入国家为1375千克油当量，而高收入国家为5158千克油当量。高收入国家是低收入国家的15.2倍。从人均用水量看，低收入国家中居中等水平的几内亚为115立方米/年，高收入国家中居中等水平的法国为668立方米/年，后者为前者的5.8倍。

因此，在制约人类社会发展的另一重大因素——环境和自然资源方面，发达国家也应承担更多的责任和义务。

我国资源现状及挑战

我国幅员辽阔，拥有960万平方千米的土地面积和300万平方千米的管辖海域，各类自然资源比较丰富。自然资源总的特征是：门类齐全，总量较大，但人均占有量却十分有限，资源相对不足且后备资源少；各类资源的质量悬殊，国际竞争力较差；地区分布不均衡，地域差异较大；区域资源组合不理想，资源配置不合理。

我国国土面积辽阔，人均相对数量少；土地类型多样，资源分布不均衡；山地丘陵居多，耕地后备资源少。土地资源总面积居世界第三位，其中耕地面积13亿公顷，居世界第六位，但人均占有土地和耕地面积只相当于世界人均水平的1/3。全国近50%的耕地分布在山区和丘陵地区，90%以上的耕地集中在东部，耕地中旱田又占了3/4。耕地生产力水平不高，耕地质量不断退化且后备资源不足。土地利用中存在的问题主要是耕地面积逐年减少，部分耕地质量降低；水土流失严重，沙化现象扩展；土地重用轻养，破坏污染严重。

淡水资源总量为28124亿立方米，居世界第四位，人均占有淡水只有2500立方米，仅为世界平均水平的28%。淡水资源在地域分布上极不平衡，南多北少，南方占全国的81%，北方占全国的19%。北方地区严重缺水，水资源不足在北方地区已成为社会经济发展的重要制约因素之一。水资源量的年际和季节变化很大，水旱灾害频繁。水资源开发利用与保护中存在的问题主要是水资源供需矛盾突出，农业平均每年因灌溉供水不足而减产粮食50多亿斤，全国缺水城市达300多个，日缺水量1000万吨以上。部分地区地下水严重超采；全国大部分地区的淡水资源供给受到水质恶化和水生态系统破坏的威胁，水流域污染严重；不合理的开采引起部分地面沉降；河流泥沙淤积，增加了防洪困难。

我国的矿产资源具有以下特点：①矿种多、探明储量多，但人均占有量却居世界之后。已发现168种矿产资源，有探明储量的153种，矿产地1.6万余处。其中45种主要矿产的潜在价值仅次于俄罗斯和美国，居世界第三位。我国的钨、锡、铋、锑、钒、钴、稀土、菱镁矿、石棉、石墨等10余种矿产的工业储量居世界首位，铁、煤、铅、锌、铜、铂族、汞、磷、硼、硫、天然碱、重晶石等12种矿产的工业储量居世界前五位。占世界总储量15%以上的矿产有钨、锡、钛、钒、钼、锑、稀土、磷、硫、菱镁矿、石棉、石墨等13种，煤的储量也接近15%。尤其是在被誉为21世纪资源的稀土方面，我国拥有世界储量的80%以上。但同时，我国矿产资源的人均占有量仅为世界人均水平的58%，居世界第五十三位。②共伴生矿多，组分复杂的综合矿多。我国含钒、钛、锡、铜的综合铁矿，占铁矿总量的1/4以上。铜矿储量将近1/4是伴生铜，金矿储量中伴生金占43%。煤矿中也往往伴生有硫铁矿、铝土矿、高岭土矿等。③不少矿产贫矿多，难采、难选冶的矿多，富矿少。④矿产分布具有明显的地域差异。如煤炭74%的保有储量集中于山西、陕西、内蒙古和新疆4省区，磷矿中70%的保有储量集中于云南、贵州、四川和湖北4省，铁矿主要集中于辽宁、河北、山西和四川4省。⑤中小型矿床多，不利于规模开发。

能源品种齐全，总储量较多，但人均储量少。其中煤炭已探明储量10000多亿吨，居世界第三位，人均占有量为世界人均水平的70%；石油和天然气储量分别居世界第十位和第九位，而人均占有量仅为世界人均水平的1/10和4/1000；水能资源总量为6.76亿千瓦，居世界首位，但人均占有量只有世界人均水平的63%。我国能源与经济布局不相匹配，近80%的能源资源分布于西部和北部地区，而60%的能源消费发生在东南部地区。一方面能源消费水平较低，甚至低于世界平均水平；另一方面能源供应仍然不足，经济发展一直受到程度不同的能源短缺的困扰。能源生产和消费结构不合理，石油、天然气后备资源不足，以煤为主的能源结构在相当长的时期内将继续存在，由此对生态环境和交通运输带来更大的压力。

我国的森林资源具有以下特点：①树种和森林类型繁多，乔灌木树种约有8000种，其中乔木有2800多种。我国是世界上珍贵树种最多的国家，松香、桐油、生漆、樟脑等林产品的产量居世界首位。我国拥有各类针叶林、针阔混交林、落叶阔叶林、热带雨林以及它们的各种次生类型。②森林面积小、覆盖率低。森林面积为13亿公顷，森林覆盖率13%，占世界森林面积的3% ~4%。森林蓄积量90多万立方米，但人均占有量只有世界人均水平的1/7。③地区分布不均衡。黑龙江、吉林、四川、云南以及西藏东部，土地面积只占全国的20%左右，森林面积却占全国的50%，森林蓄积量占75%；而人口稠密、经济较发达的华北、中原和长江、黄河下游地区，森林资源分布却很稀少，只占全国林地面积的4%；西北干旱半干旱地区，包括新疆、青海、宁夏、甘肃以及内蒙古和西藏的中、西部，土地面积约占全国的1/2，森林面积只占全国的6.2%。④结构不够合理。防护林的面积太少，不利于保护生态环境；有林面积增加但用材林面积减少，森林蓄积量持续下降；用材林成熟林蓄积量锐减，林龄结构向低龄化转变。存在的问题主要是砍伐过度，毁林开荒严重，森林更新严重滞后；森林火灾频繁，病虫害严重；综合利用较差，资源利用率低。

我国草地面积总量为40000万公顷，居世界第二位。其中优质草场约占18%，中等草场约占40%，低劣草场约占36%，但人均草地仅为世界人均水平的1/2。主要分布于东北平原西部、内蒙古高原、黄土高原至青藏高原南缘一线以西，草原类型有草甸草原、干旱草原和荒漠草原，在青藏高原上还有高寒草原。在可利用的草原中，多数草原资源质量不高，其中大多数处于干旱地区，缺水的近30%，86%以上的草原分布在西北干旱和半干旱地区。在草地总面积中，丰蕴的资源仅为1/4。存在的问题主要是草场沙化、碱化、退化严重，生产能力差，商品率低。

我国的海洋资源也极为丰富。我国濒临太平洋，有沿海城市114个，大陆和岛屿海岸线长32000千米，沿海滩涂面积20799平方千米，6500多个岛屿，应归属中国管辖的大陆架和专属经济区面积达300多万平方千米，在世界沿海国家中居第九位。我国海洋资源极其丰富，凡世界大洋中具有的资源，我国近海海域内大都具有。海洋生物资源、海底矿产资源、海水化学资源和海洋动力资源的蕴藏量都很大。海洋石油资源量约240亿吨，天然气资源量约14亿立方米，海滨砂矿种类达60种以上，探明储量为31亿吨。海洋生物资源种类繁多，在20000种以上，浅海滩涂生物约2600种。海洋可再生能源蕴藏量6.3亿千瓦。海洋水产品产量占世界第五位，人均占有资源为世界人均水平的1/4。

我国动物资源丰富，种类繁多。我国是世界上动物种类最多的国家，约有10.45万种。其中昆虫约10万种；鱼类2200多种；兽类450多种，约占世界总数的11%；鸟类1186种，占世界总数的14.4%，是世界上拥有鸟类种数最多的国家；两栖类210多种，爬行类320种，分别占世界总数的7%和5%。我国的生物多样性在全球居第八位。

我国自然资源面临的挑战

我国是世界资源大国和人口大国，又是一个发展中的社会主义国家。对我国的资源问题要从3个方面来分析：①要看到资源问题的严峻性。由于人口众多，经济发展对资源的需求日益增长，资源供需矛盾将十分尖锐。资源利用效益不高，环境代价大，资源管理不够完善等问题也普遍存在，从而加剧了资源基础的削弱和恶化。②要看到这些问题是发展中的问题，或者说，是发展中国家在摆脱贫困、走向工业化过程上难以避免的问题。③我国资源问题正在逐步解决中，我国资源问题及其解决将对世界产生重大影响。

在以上3个观点的前提下，我们侧重地分析一下我国资源及其开发利用的基本问题：

土地资源

土地资源是指已经被人类所利用和可预见的未来能被人类利用的土地。土地资源既包括自然范畴，即土地的自然属性，也包括经济范畴，即土地的社会属性，是人类的生产资料和劳动对象。

土地资源指目前或可预见到的将来，可供农、林、牧业或其他各业利用的土地，是人类生存的基本资料和劳动对象，具有质和量两个内容。在其利用过程中，可能需要采取不同类别和不同程度的改造措施。土地资源具有一定的时空性，即在不同地区和不同历史时期的技术经济条件下，所包含的内容可能不一致。如大面积沼泽因渍水难以治理，在小农经济的历史时期，不适宜农业利用，不能视为农业土地资源。但在已具备治理和开发技术条件的今天，即为农业土地资源。由此，有的学者认为土地资源包括土地的自然属性和经济属性两个方面。

土地资源是在目前的社会经济技术条件下可以被人类利用的土地，是一个由地形、气候、土壤、植被、岩石和水文等因素组成的自然综合体，也是人类过去和现在生产劳动的产物。因此，土地资源既具有自然属性，也具有社会属性，是“财富之母”。土地资源的分类有多种方法，在我国较普遍的是采用地形分类和土地利用类型分类。

1. 按地形，土地资源可分为高原、山地、丘陵、平原、盆地。这种分类展示了土地利用的自然基础。一般而言，山地宜发展林牧业，平原、盆地宜发展耕作业。

2. 按土地利用类型，土地资源可分为已利用土地如耕地、林地、草地、工矿交通居民点用地等；宜开发利用土地如宜垦荒地、宜林荒地、宜牧荒地、沼泽滩涂水域等；暂时难利用土地如戈壁、沙漠、高寒山地等。这种分类着眼于土地的开发、利用，着重研究土地利用所带来的社会效益、经济效益和生态环境效益。评价已利用土地资源的方式、生产潜力，调查分析宜利用土地资源的数量、质量、分布以及进一步开发利用的方向途径，查明目前暂不能利用土地资源的数量、分布，探讨今后改造利用的可能性，对深入挖掘土地资源的生产潜力，合理安排生产布局，提供基本的科学依据。

它有如下几个特征：

1. 土地资源是自然的产物；
2. 土地资源的位置是固定的，不能移动；
3. 土地资源的区位存在差异性；
4. 土地资源的总量是有限的；
5. 土地资源的利用具有可持续性；
6. 土地资源的经济供给具有稀缺性；
7. 土地利用方向变更具有困难性。

我国的内陆土地面积为960万公顷，在世界上继俄罗斯、加拿大之后居第三位。

根据土地利用变更调查结果，全国耕地12208.27万公顷；园地

1154.90万公顷；林地23574.11万公顷；牧草地26214.38万公顷；其他农用地2553.09万公顷；居民点及独立工矿用地2601.51万公顷；交通运输用地230.85万公顷；水利设施用地359.87万公顷；其余为未利用地。与2004年相比，耕地面积减少0.30%，园地面积增加0.31%，林地面积增加0.30%，牧草地面积减少0.21%，居民点及独立工矿用地面积增加1.11%，交通运输用地面积增加3.37%，水利设施用地面积增加0.26%。2005年全国耕地净减少36.16万公顷。其中，建设占用耕地13.87万公顷，另外，查出往年已经建设但未变更上报的建设占用耕地面积7.34万公顷；灾毁耕地5.35万公顷；生态退耕39.04万公顷；因农业结构调整减少耕地1.23万公顷，土地整理复垦开发补充耕地30.67万公顷。土地整理复垦开发补充耕地面积为建设占用耕地的144.56%。

全年新增建设用地43.2万公顷。其中，新增独立工矿（包括各类开发区、园区）建设用地15.11万公顷，新增城镇建设用地9.82万公顷，新增村庄建设用地6.66万公顷，新增交通、水利等基础设施建设用地10.76万公顷。

切实加强耕地特别是基本农田保护。国务院办公厅下发《省级政府耕地保护责任目标考核办法》，明确各省（区、市）政府对本行政区域内的耕地保有量和基本农田保护面积负责。会同农业部、发展改革委、财政部、建设部、水利部、国家林业局等六部委制定下发《关于进一步做好基本农田保护有关工作的意见》。下发《关于开展设立基本农田保护示范区工作的通知》，发挥典型示范作用，全面提升基本农田保护工作水平。下发《关于加强和改进土地开发整理工作的通知》和《2005年国家投资土地开发整理项目指南》。全年共备案国家投资土地开发整理项目1326个，项目建设总规模129.12万公顷，其中，位于粮食主产区项目个数和建设规模分别占47%和53%。下发《关于开展补充耕地数量质量按等级折算基础工作的通知》，采用更加严格措施改进耕地占补平衡工作。

大力推进节约集约用地。开展全国存量用地调查，查明到2004年底，全国城镇规划范围内共有闲置土地7.20万公顷，空闲土地5.48万公顷，批而未供土地13.56万公顷，三类土地总量为26.24万公顷，占城镇建设用地总量的7.8%。切实执行建设用地“六个不报批”和“八个必须”要求，核减建设用地4631.9公顷。总结和大力推广100个节约集约用地典型，制订促进节约集约用地新政策。从严控制土地供应总量，严格审核开发区、出口加工区、保税区等24个。

土地管理为经济建设服务。全年审批建设用地34.68万公顷，其中国务院批准用地14.93万公顷，省级批准用地19.75万公顷；工矿仓储、住宅等分批次建设用地16.00万公顷，交通运输、水利设施等单独选址建设用地18.68万公顷。

土地管理基础业务建设明显加强。《土地利用分类》国家标准已正式报国家标准化管理委员会。制定全国第二次土地调查工作方案。18个省（区、市）开展土地更新调查，1526个县（市）建立土地利用现状数据库，城市市区地籍调查完成82.24%。国有土地使用证发证率达76.38%，集体土地所有权发证率达33.19%，集体土地使用证发证率达70.69%。25个省（区、市）开展农用地分等定级与估价工作，13个通过验收。

完善土地市场体系和制度。继续扩大土地有偿使用覆盖面。继续完善国有土地出让制度。全国共出让土地面积16.32万公顷，出让价款5505.15亿元。其中，招拍挂出让面积和出让价款分别为5.72万公顷和3920.09亿元，分别占出让总面积和总价款的35.06%和71.21%。加强土地储备制度建设。加强土地市场监测和地价管理。根据1000多个县（市、区）土地市场动态监测结果，土地供应来源结构56%属于存量用地，44%属于新增用地；用途结构43.33%属于工矿仓储用地，30.56%属于房地产开发用地，26.11%属于其他用地；房地产开发用地中，商业服务业用房占29.2%，普通商品住宅占48.7%，经济适用房占9.3%，高档公寓占0.2%，其他住房占12.6%。系统提出房地产市场土地供应政策。

目前我国土地问题严峻，主要表现在以下几个方面：

1. 植被破坏。森林是生态系统的重要支柱。一个良性生态系统要求森林覆盖率达13.9%。尽管新中国成立后开展了大规模植树造林活动，但森林破坏仍很严重，特别是用材林中可供采伐的成熟林和过熟林蓄积量已大幅度减少。同时，大量林地被侵占，1984~1991年全国年均达837万亩，呈逐年上升趋势，在很大程度上抵消了植树造林的成效。草原面临严重退化，沙化、碱化，加剧了草地水土流失和风沙危害。

2. 土地退化。我国是世界上土地沙漠化较为严重的国家，截至2014年，全国荒漠化土地262万平方千米，占国土面积的27.2%，近4亿人口受到荒漠化的影响。20世纪70年代以来仅土地沙化面积扩大速度，每年有2000多平方千米。我国的耕地退化问题也十分突出。如原来土地肥沃的北大荒地带，土壤的有机质已从原来的5%～8%下降到1%～2%（理想值应不小于3%）。同时，由于农业生态系统失调，全国每年因灾害损毁的耕地约200万亩。

荒漠化及其引发的土地沙化被称为“地球溃疡症”，危害表现在许多方面，已成为严重制约我国社会经济可持续发展的重大环境问题。据统计，我国每年因荒漠化造成的直接经济损失达540亿元，相当于1996年西北五省区财政收入总和的3倍，平均每天损失近1.5亿元。新中国成立以来，全国共有1000万公顷的耕地不同程度的沙化，造成粮食损失每年高达30多亿千克。在风沙危害严重的地区，许多农田因风沙毁种，粮食产量长期低而不稳，群众形象地称为“种一坡，拉一车，打一箩，蒸一锅”。在内蒙古自治区鄂托克旗，30年间流沙压埋房屋2200多间，近700户村民被迫迁移他乡。

目前我国耕地的特点是：

1. 人均耕地面积小

我国现有耕地总面积为18亿亩，人均耕地1.4亩，不到世界人均耕地的1/2。虽然中国耕地面积列世界第3位，但人均耕地只排在世界第126位。全国耕地后备资源总潜力约为2亿亩，但水、土、光、热条件比较好的只有40%，能开垦成耕地的只有8000万亩。加拿大的人均耕地是我国的18倍，印度的人均耕地是我国的1.2倍。一些省（市）人均耕地面积已低于联合国粮农组织确定的0.8亩警戒线。在全世界26个人口超过5000万的国家中，中国人均耕地量仅比孟加拉国和日本略多一点，排在倒数第3位。

2011年，中国城市化率首次突破50%，这意味着中国的城市人口超过了农村人口，这将带来深刻的社会变革。中国仅用30年的时间走过了西方

200 年的城市化历程。“高速度的城市化”也引起人们的担忧。城市化带来的是农村村落数量的减少，统计数字显示，我国的自然村十年间由 360 万个锐减到 270 万个。中国每天都有 80 到 100 个村庄消失。城市化还意味着农村耕地面积的减少，一些城市的迅猛扩张是建立在大量吞噬农村土地的基础之上的。

2. 分布不均匀

综合气候、生物、土壤、地形和水文等因素，我国耕地大致分布在东南部湿润区、半湿润季风区、西北部半干旱区、干旱内陆区和西部的青藏高原区。东南部湿润区和半湿润季风区集中了全国耕他的 90% 以上。

3. 自然条件差

我国耕地质量普遍较差，其中高产稳产田占 1/3 左右，低产田也占1/3。其中涝洼地有约 400×10^4 公顷，盐碱地有约 400×10^4 公顷，水土流失地 670×10^4 公顷。而且耕地地力退化迅速，加上由于污水灌溉和大面积施用农药等原因，耕地受污染严重，加剧了耕地不足的局面。

这一特点使我国耕地面临的压力是巨大的：中国依靠占世界 7% 的耕地养活了世界 22% 的人口，是一项具有世界意义的伟大成就。但另一方面，这一现实也表明中国耕地资源面临的严峻形势，耕地不足是中国资源结构中最大的矛盾。

总之，中国单位面积耕地的人口压力巨大，目前已是世界平均水平的 2.2 倍。因此，我国的可持续发展在很大程度上依赖于耕地的保护。

草地资源

在 20 世纪 80 年代进行的首次全国统一草地资源调查资料显示，我国有天然草地面积 33099.55 万公顷（为可利用草地面积，下同）小于澳大利亚的（澳大利亚为 43713.6 万公顷），比美国的大（美国为 24146.7 万公顷），为世界第二草地大国。

天然草地在全国各地均有分布，从行政省区来看，西藏自治区草地面积最大，全区有 7084.68 万公顷，占全国草地面积的 21.40%；依次是内蒙古自治区、新疆维吾尔自治区、青海省，以上四省区草地面积之和占全国草地面积的 64.65%。草地面积达 1000 万公顷以上的省区还有四川省、甘肃省、云南省；其他各省区草地面积均在 1000 万公顷以下；又以海南、江苏、北京、天津、上海 5 省（市）草地面积较小，均在 100 万公顷以下。

我国人工草地不多，据 1997 年统计，全国累计种草保留面积 1547.49 万公顷，这其中包括人工种草、改良天然草地、飞机补播牧草三项。如果将后两项看作半人工草地，即我国人工和半人工草地面积之和也仅占全国天然草地面积的 4.68%。我国人工草地和半人工草地虽不多，但全国各省区都有，以内蒙古自治区最大，有 443.34 万公顷，达到 100 万公顷以上的依次有四川省、新疆维吾尔自治区、青海省和甘肃省。各地人工种植和飞播的主要牧草有苜蓿、沙打旺、老芒麦、披碱草、草木樨、羊草、黑麦草、象草、鸡脚草、聚合草、无芒雀麦、苇状羊茅、白三叶、红三叶，以及小灌木柠条、木地肤、沙拐枣等。在粮草轮作中种植的饲草饲料作物有玉米、高粱、燕麦、大麦、蚕豆及饲用甜菜和南瓜等。由于人工草地的牧草品质较好，产草量比天然草地可提高 3~5 倍或更高，因而在保障家畜饲草供给和畜牧业生产稳定发展中起着重要的作用。

我国国土面积辽阔、海拔高差悬殊、气候千差万别，形成了多种的草地类型，全国首次统一草地资源调查将全国天然草地划分为 18 个草地类，824 个草地型。

在组成全国各类草地中，高寒草甸类草地面积最大，全国有 5883.42 万公顷，占全国草地面积的 17.77%。这类草地集中分布在我国西南部青藏高原及外缘区域。其次是温性草原类草地、高寒草原类草地、温性荒漠类草地，各自占全国草地面积 10% 左右。以上 4 类草地面积之和可占到全国草地面积的 1/2，且主要分布在我国北方和西部。下列 5 类草地面积较小，分别是高寒草甸草原类、高寒荒漠类、暖性草丛类、干热稀树灌草丛类和沼泽类草地，它们各自面积占全国草地面积均不超过 2%。其余各类草地面积占全国草地面积在 2%~7% 之间，居于中等。

由于我国长期以来对草地资源采取自然粗放经营的方式，重利用、轻建设，重开发、轻管理，草地资源面临严重的危机。主要表现为：

1. 过牧超载、乱砍滥垦，草原破坏严重。草原建设缺乏统一计划管理，投入少，建设速度很慢。草原退化、沙化、碱化面积日益发展，生产力不断下降。

2. 草原土壤的营养锐减，草原动植物资源严重破坏，草原生产力下降。草原生态环境恶化。

3. 草地牧业基本上是处于原始自然放牧利用阶段，草地资源的综合优势和潜在生产力未能有效发挥。牧区草原生产率仅为发达国家（如美国、澳大利亚等）的5%～10%。

淡水资源

在影响社会经济发展和人民生活的各种要素中，淡水资源占有极为特殊的地位。人类可以没有石油，没有电力，也可以没有煤炭，但绝对不能没有淡水。因为人类没有石油电力煤炭这些东西，照样可以生存，至多回到刀耕火种的年代；但这个世界上如果没有了水，我们人类连同这个世界就会一同消亡。所以，淡水资源，不仅制约着社会经济的发展，而且制约着人类的生存和生存质量，它的作用，是任何其他资源无法替代的。所以，淡水资源保护是一个国家为了满足淡水资源可持续利用的需要，维护淡水资源的正常使用功能和生态功能，采取经济、法律、行政科学的手段合理地安排淡水资源的开发利用，并对影响淡水资源的经济、生态属性的各种行为进行干预的活动。防止和治理水污染、水源枯竭、水流阻塞和水土流失，以满足社会实现经济可持续发展对淡水资源的需求。在水量方面应全面规划、统筹兼顾、综合利用、讲求效益，发展淡水资源的多种功能。注意避免水源枯竭、过量开采。同时，也要顾及环境保护要求和生态改善的需要。在水质方面，应防治水污染，维持水质良好状态，要养活和消除有害物质进入水环境，加强水污染的防治和监督。

我国淡水资源总量较多，但按人口、耕地平均占有水平很低，与世界上许多国家相比，我国淡水资源问题比较严重。尽管我国河川径流总量居世界第六位，仅低于巴西、俄罗斯、加拿大、美国和印度尼西亚，但是由于我国国土辽阔，人口众多，按人口、耕地平均，人均和亩均占有量均低于世界平均水平。人均占有量为世界人均占有量的1/4左右，亩均占有量仅为世界亩均占有量的3/4。据对149个国家和地区的最新统计，中国人均占有量已经退居世界第110位。因此，正确处理好水及人和人及水两方面的关系比世界上任何一个国家都艰巨复杂。

我国淡水资源在地区上分布不均，水土组合不平衡。我国的水量和径流深的分布总趋势是由东南沿海向西北内陆递减，并且与人口数耕地的分布不相适应。81%集中分布在长江及其以南地区，而耕地面积仅占全国的36%；淮河及其以北地区耕地面积占全国的64%。

我国降水及河川的年内分配集中，年际变化大，连丰连枯年份比较突出。我国主要河流都出现过几年来水较丰和几年来水较枯现象。例如，黄河在过去几十年中曾出现过连续9年（1943～1951）的丰水期；在近几十年内也曾出现过连续28年（1972～1999）的少水期，其中断流21年，而且1991～1997年是年年断流，总断流时间是717天，平均每年断流102.4天。降水量和径流量在时程上的这种剧烈变化，给淡水资源的利用带来困难。我们要充分利用淡水资源必须修建各种类型的水利。

如果从淡水资源人均占有量上说，我国缺水主要是指北方区域的话，那么，淡水资源的污染却是一个具有全国性的问题。而且，越是丰水区和大城市，越是人口密集地区，往往污染越严重。结果丰水区出现水质性缺水的现象。这是中国淡水资源更为严重的问题。中国水利部门曾对全国约700条大中河流近10万千米的河段进行水质检测，结果是近1/2的河段受到污染，1/10的河段被严重污染，不少河水已失去使用价值。另据调查，目前全国有90%以上的城市水域，受到不同程度的污染；在部分流域和地区，水污染已从江河支流向干流延伸、从地表向地下渗透、从陆域向海域发展、从城市向农村蔓延、从东部向西部扩展。近年来中国废水、污水排放量以每年18亿吨的速度增加，全国工业废水和生活污水每天的排放量近1.64亿吨，其中约80%未经处理直接排入水域。

用水效率低和过度开发并存是我国水资源利用问题之一。首先是用水效率低，而且，越是缺水的地方，效率就越低。比如，严重缺水的黄河流域，农业灌溉大量采用的还是大漫灌方式。宁夏、内蒙灌区，每亩农地平均用水量都在1000立方米以上，比节水灌区高几倍到十几倍；农业用水利用率普遍偏低，目前，生产单位粮食的用水量是发达国家的2~2.5倍。农业用水如此，工业用水也是如此。目前中国工业用水重复利用率远低于先进国家75%的水平，单位GDP用水量是先进国家的十几倍到几十倍，一些重要产品单位耗水量也比国外先进水平高几倍，甚至几十倍。

更令人担忧的是，对淡水资源过度开采的情况日趋严重。比如海河流域，海河流域是中国人口最密集的地区之一，包括北京、天津、河北大部分地区和山东、山西、内蒙古、河南部分地区，区域内有26个大中城市。这个地区也是中国最为缺水的地区，人均只有293立方米。这些年来，这里的社会经济的状况发生了很大变化。同20世纪50年代比，人口增加1倍，灌溉面积增加6倍，GDP增加30多倍，使得总用水量增加了4倍，大大超过淡水资源的承载力。结果，地表水、地下水长期过度开采，开采率达到98%，远远超出40%的警戒线。据水利部提供的数据显示，全国地下水超采区已从20世纪80年代的56个，扩展到目前的164个，超采面积也由8.7万平方千米扩展到18万平方千米；年均地下水超采量超过100亿立方米，有6万多平方千米的地面出现不同程度的沉降。一方面，中国的淡水资源就不够丰富；另一方面，用水的浪费，水质的严重污染，使得可用淡水更加紧张。从20世纪80年代以来，中国的缺水现象由局部逐渐蔓延至全国，对农业和国民经济带来了严重影响。

森林资源

我国森林资源面积在1991年为128.63万平方千米，森林覆盖率为13.4%，人均森林面积不到世界人均水平的15%。森林蓄积量由20世纪80年代初的每年0.3亿立方米“赤字”，增加到现在的0.39亿立方米盈余，这表明我国森林的可持续发展已有良好的势头。

但是，用材林的消耗量仍然高于生产量，森林质量不高，郁闭度偏低，大片的森林继续受到无法控制的退化、任意改作其他用途、农村能源短缺以及森林病虫害的危害。要消灭用材林的“赤字”和森林的破坏或退化，则要采取一致的紧急行动，大力培育森林资源，使公众了解森林的重大影响，并参与保护森林资源的各种活动。我们应加强退耕还林及其他环保措施。

物种资源

生物物种资源是指具有实际或潜在价值的植物、动物和微生物物种以及种以下的分类单位及其遗传材料。专家介绍说，每个生物物种都包含丰富的基因，基因资源的挖掘可以影响一个国家的经济发展，甚至一个民族的兴衰。例如，水稻雄性不育基因的利用，创造了中国杂交稻的奇迹。生物物种资源的拥有和开发程度，已成为衡量一个国家综合国力和可持续发展能力的重要指标之一。

我国是世界上生物多样性最丰富的国家之一，可以说物种资源丰富，但是破坏程度也很严重。1999 年的一项调查表明，我国部分畜禽种质资源已经灭绝，严重濒危的畜禽品种达 37 个。

非法收集、采挖、走私、私自携带出境等，使生物物种资源大量丧失和流失。有些外国公司或外国专家在我国各地搜集珍贵花卉植物资源，导致大量珍贵花卉资源，特别是兰科植物资源遭到破坏和流失。

这种状况已经引起国家的高度重视，各级政府正采取措施加大保护力度，力求使这种不利局面得到缓解，经过多方多年的努力，可以说取得了一定的成绩。

矿产资源

矿产资源在国民经济发展中具有举足轻重的作用。据统计，我国 95% 以上的能源、80% 以上的工业原材料、70% 以上的农业生产资料来自于矿产资源。如前所述，我国是世界上少有的几个资源大国之一。新中国成立以来，矿产资源开发利用也取得了举世瞩目的成就。我国的煤炭、水泥、钢、硫、铁矿、10 种有色金属以及原油产量已跃居世界第一位至第五位。我国已成为世界少数几个矿业大国之一，矿业已成为整个国民经济持续发展的重要基础。但是，由于中国人口众多以及政策和管理方面的诸多问题，中国矿产资源及其开发利用中的问题也十分突出，主要表现在以下几个方面。

1. 许多矿山后备资源不足或枯竭，未来资源形势十分严峻。不少矿山，特别是东部地区的一些矿山的生产能力大量消失，铁、煤、铜、金等重要矿产生产能力消失 10% ~70%。到 2010 年，45 种矿产已探明有半数以上不能保证建设的需要，资源形势日趋严峻。特别是一些能源基础性矿产、大宗支柱型矿产不能满足需要，对国民经济和社会发展将带来重大制约。到 2020 年后，45 种矿产中大多数矿产将不能保证需要。

2. 矿产资源开发利用率低，浪费大。据对全国 719 个国有坑采矿山调查，有 56% 的矿山回采率低于设计要求。全国矿产开发综合回收率仅为 30% ~50%，全国金属矿山矿井开采回采率平均为 50%，国有煤矿矿井回采率仅 50%，乡镇煤矿为 10% ~30%，一些个体煤矿回采率在 10% 以下，资源总回收率为 30%。矿产资源综合利用率低。据对 1845 个矿山的调查，全国 50% 的矿山有益伴生综合回收率不到 25%。二次资源利用率低。我国废铝回收只占全国铝产量的 1.12%，锌不到 6%，铁只有 15%，工业用水循环使用率仅 40%。国民经济发展对资源消耗强度过大，单位资源的效益大大低于发达国家。

3. 矿产资源开采利用中的环境问题严重。据统计，我国因矿产采掘产生的废弃物每年约为 6 亿吨。由于固体废弃物乱堆滥放，造成压占、采空塌陷等损坏土地面积达 2 万平方千米，现每年仍以 0.025 万平方千米速度发展。矿产资源的不合理利用，尾矿及废气、烟尘的排泄，造成了水体和大气的严重污染。我国火电厂中小型发电机组发电煤耗高出发达国家约 30%，大量中小型水泥厂的水泥排尘量在 3 千克/吨水平。目前全国工业固体废物历年积存量超过 60 亿吨，而其综合利用率仅 40%，处理率低，严重地污染了地下水和地表水体。

4. 矿产资源尚未形成强有力的有效的统一的政府和社会管理。资源无偿使用的现象还没有完全扭转，尚未建立矿权的流转制度，缺乏完善的资源核算制度和资源价值管理，资源的消耗补偿尚未形成合理机制。

地质—自然灾害

我国处于太平洋板块和印度洋板块之间，自古以来就是一个自然灾害频发的国度。在我国的历史上，水旱灾害、地震及其他地质灾害频仍，可以说，中华民族的历史，便是一部与自然灾害斗争的历史。

进入20世纪以来特别是20世纪下半叶以来，人口的急剧增长、自然资源大规模的不合理开发及人为因素诱发或直接造成了更加惨然的地质自然灾害。

地　震

我国处于地球两大地震带的交接处，震灾严重可想而知。13世纪以来，世界发生8次死亡10万人以上的特大地震，我国就占了4次。进入20世纪以后，全世界共发生死亡万人以上的地震27次，我国又占了6次。其中2008年5月12日发生的四川地震，死者和失踪者的总数达到了8万余人。20世纪以来，我国因地震而死亡的人数超过了115万，占同期全世界地震死亡总数的44.2%。

水　灾

在我国，一般年景水旱灾造成的经济损失占全部自然灾害的60%以上。从公元前206年到1949年的2155年间曾发生过的较大水灾就有1029次，平均两年1次。公元前206年以前因无确切记载而无法说。

1998年入汛，我国一些地方遭受严重的洪水灾害，长江发生了自1954年以来的又一次全流域性大洪水，松花江、嫩江出现超历史记录的特大洪水。初步统计，全国共有29个省（区、市）遭受了不同程度的洪涝灾害，受灾面积3.18亿亩，成灾面积1.96亿亩，受灾人口2.23亿，死亡3000余人，倒塌房屋497万间，直接经济损失1666亿元。

旱　灾

我国历史上曾发生特大旱灾不下百次，累计死亡几千万人，平均每次死亡 60 余万人，死亡人数占全部灾害死亡人数的 78% 还要多。

泥石流

我国的泥石流沟多达 1 万多条，绝大部分集中于四川、西藏、云南、甘肃。川、滇以雨水泥石流为主，青藏高原以冰雪泥石流为主。全国受泥石流威胁的县城达 70 座。

地面沉降

2011 年 12 月的研究显示，地面沉陷这一问题已经遍布全国。

“目前，中国在 19 个省份中超过 50 个城市发生了不同程度的地面沉降，累计沉降量超过 200 毫米的总面积超过 7.9 万平方公里。”“地面沉降的重灾区主要是长江三角洲地区、华北平原和汾渭盆地这三个区域。”国土资源部地质环境司原副司长陶庆法表示。

中国地质调查局公布的《华北平原地面沉降调查与监测综合研究》及《中国地下水资源与环境调查》显示：华北平原不同区域的沉降中心有连成一片的趋势；长江区最近 30 多年累计沉降超过 200 毫米的面积近 1 万平方公里，占区域总面积的 1/3。其中，上海市、江苏省的 苏锡常三市开始出现地裂缝等地质灾害。

资源与可持续性发展

开发无污染新能源

人类社会发展离不开能源。人类从利用原始的生物质能（薪柴、枯草等）到大量开发利用矿石燃料（煤炭、石油、天然气等），并开始使用核能、太阳能等，这些都促使人类社会发生了深刻变革。然而，过量消耗地球上蕴藏的能量能源也带来了一些严重问题。首先是这些常规能源终将被耗尽；其次，常规能源发展已成为世界性环境问题的主要诱导因素，庞大的碳排放量只是其中的一个棘手问题。目前全世界因使用常规能源每年向空气中排放了大约60亿吨碳，这些碳是以二氧化碳的形式排放的。科学家认为如果想稳定大气中二氧化碳浓度的话，全球的碳排放量最终应该削减60%～80%，削减到每年20亿吨。要达到这一目标，意味着必须大幅度削减为我们提供了78%能源供给的石化燃料的消费量。这样，发展替代能源和提高能源效率便是极自然的事情了。在上述双重压力下，许多国家开始意识到必须对以前的常规能源发展战略加以调整，大力开发新能源，发展多元结构的能源系统和洁净、高效的新能源技术。阿尔温·托夫勒在他的《第三次浪潮》中所描述的人类正在面临或即将面临的第三次浪潮在能源方面将形成以太阳能、核聚变能、氢能、生物质能为主的多样化的能源结构。这些新能源大都是天然的、可再生的、洁净的。

发展清洁煤技术

煤炭在世界一次能源消费构成中约占30%。

煤炭直接燃烧不仅造成了严重的环境污染，而且导致全球不断增温。就世界范围而言，燃煤已经成为国际社会普遍关注的一个热点。发展清洁煤技术、减少污染物和二氧化碳排放、提高煤炭利用效率也相应提上各国的议事日程。

目前各国致力于发展煤洗选、型煤加工、水煤浆、先进的燃烧器、流化床燃烧器、烟道气净化、煤炭气化与液化、燃气化联合循环发电、燃料电池等，并从中获益匪浅。联合国经济合作与发展组织公布的一份资料表明，减少不燃烧矿物质（粉尘）的煤炭清洁技术不仅可以消除10%～30%的含硫量，而且本身的热值较高，送进锅炉的灰尘量也较少。先进的消除颗粒物的机械装置可以清除99%的颗粒，并减少一氧化碳的排放。废气脱硫技术和流化床燃烧技术可以消除90%的二氧化硫。

世界各国中，美国、日本在发展清洁煤技术方面起步较早，成就显著，在国际上起到了先导作用。在美国和日本的带动下，越来越多的国家加入了研究开发清洁煤技术，并相继建立了各种各样的示范工程。

我国是世界煤炭生产和消费大国，近年来煤炭年产量和年消费量均在10亿吨以上，煤炭占一次能源总消费量的比例稳定在75%上下，预计到21世纪中叶煤炭仍将在我国的能源消费结构中占据主要地位。因此，对于我国来说，压力是巨大的，但同时潜力也是巨大的。幸运的是我国的水煤浆制浆工艺已经达到了国际水平，并已建成了商业性示范工程。煤气化工艺也提高到一个新的水平，大量的煤制气为城镇居民提供了极大的方便。此外，中国已开发出热效率在1兆瓦以上的新型煤粉燃烧器，其燃烧效率达到95%，且煤种适应范围广。顺便要提到的是引进了煤气化联合循环发电装置和煤炭直接液化小型试验装置。未来的煤炭采掘将由煤层气抽取、煤层采掘、煤炭气化3个阶段组成，届时，煤的回收率可望达到60%～70%。

和平利用核能

核能是原子核里蕴藏的巨大能量，它自20世纪初被发现以来，日益发挥着重要作用。首先，在军事上大量使用了核能，核弹的使用不仅在第二次世界大战中加快了战争结束进程，而且在战后也由于它的威慑作用，对世界霸权的争夺、世界力量的均衡，都产生了巨大的、深远的影响。其次，由于核能的和平利用，人类开始进入了一个新的历史阶段。自1954年苏联建成世界上第一座核电站并投入运转以来，目前全世界正在运转的核电站数百座，这些核电站主要分布在工业化国家，所生产的电能约占全世界能源产量的17%。

核电站

切尔诺贝利核电站核废料的泄漏对核能的利用产生了巨大的负面作用，世界上许多设计中的核电站纷纷下马、停建。但是，在出现要求大规模限制化石燃料消费、以降低二氧化碳排放量，减缓全球气候变暖的强大呼声的今天，大规模利用核能是替代化石燃料的现实而明智的选择之一。目前核能的发展势头开始回升，因为尽管存在着放射性污染源的潜在危险，但在科学家和经济学家们看来，核能仍不失为一种可选择的清洁的、经济的能源。一座1000兆瓦核电站在正常运行中排放出来的稀有气体和微量放射性物质使附近居民受到的辐射剂量每年不到0.02毫希，而一座相同功率的燃煤发电厂由烟囱排放的烟灰中仅镭、钍等放射性元素就要使附近居民受到的辐射剂量每年接近0.05毫希。核电站的基建费高于火电厂，但燃料费却要低得多。如果能置其于良好的设计、制造以及严格的科学管理下，核能仍旧是一种安全可靠的能源。

从20世纪80年代开始，随着世界经济发展的东移，核电发展已由欧美工业发达国家转向起步较晚的亚洲国家和地区。

迄今为止，人类还只掌握了核裂变——使重元素的原子核发生分裂反应——的技术，热中子反应堆和快中子反应堆是目前正在应用的两种核反应堆。根据慢化剂、冷却剂和燃料的不同，热中子反应堆又有轻水堆、重水堆、石墨气冷堆和石墨水冷堆等类型之分。世界上大多数核电站采用的都是热中子反应堆，这是由于这类反应堆比较容易实现和控制。但是，为了追求更加安全和多种用途，美国、德国、瑞典、瑞士、法国、俄罗斯等国都在积极发展低温核供热堆和高温气冷堆。美国还率先在1951年建成世界上第一座快中子增殖堆，目前已建成商业规模的示范堆。

与核裂变所产生的核能相比，受控热核聚变能是前景更加广阔的能源。核聚变的原理是2个或2个以上的轻原子核在超高温条件下聚合成一个较重的原子核，同时释放出巨大的能量。理论上的计算表明，1千克热核聚变燃料释放出的能量为核裂变的4倍。核聚变的另一个优点是不会像裂变堆那样产生大量放射性废物，而且核聚变的原料主要是氢、氘和氚，这是地球上蕴藏量最为丰富的几种元素，单就海洋中的氘而论，其含量就有23.4万亿吨之巨，这是一个天文数字。可见，这几乎是人类取之不尽的清洁能源。

核聚变能的开发利用目前尚处在研究阶段，然而最近一个时期进展较快。科学家们乐观地预计21世纪中叶其研究成果有望投入商业使用。

利用太阳能

全球能源的初始来源有 3 个，其中最主要的是太阳能，其次是地热能，再次是太阳系中行星运动的能量。太阳辐射的总功率达 3.83×10^{26} 焦耳/秒，其中能达到地面上的太阳能高达 80 万亿千瓦，相当于目前世界各类商业性能源生产量的 20000 倍。太阳能利用的潜力十分巨大。

人类利用太阳能的热情和实践从来没有像现在这样高涨和坚持不懈。事实上，太阳能确实是一种分布广泛、取之不尽、用之不竭，且对环境无任何污染的能源。利用太阳能不必担心枯竭，也不必担心出现环境问题，因而它被广泛誉为 21 世纪人类唯一可以依靠的能源。客观地评价，这至少应该是构成 21 世纪世界能源体系的基石。

目前人类主要通过光—热转换、光—电转换和光—化学转换等方式利用太阳能。对太阳能的直接利用在世界上已经变得十分广泛，对它的间接利用，如太阳能发电、太阳能电池、光化学电池等也在起步。随着技术的不断提高、普及和推广，太阳能的利用将变得十分简便和高效率。

太阳能蓄电板

乐观的分析认为，未来的太阳能成本将会低于核电的成本。随着这一天的到来，人们不仅可以通过电网——集中的能源供应网络，从能源富集地区获得价格低廉的太阳能，而且家家户户都可以成为能源的消费者同时也是生产者，当然，人们还可以把它作为汽车等交通运输工具的动力源的一部分。

作为一项切实可行的构思，人们正在拟订一项走向太阳能经济的发展战略。它表明今后世界将更加依靠改进能源效率和可再生能源，而不是依靠矿物燃料（即化石燃料）和核裂变能量（从本质上讲，太阳能属于核聚变能）。因此，应该依据世界各地区特有的气候和资源条件，建设分散的可再生能源系统。如北欧应以风能和水力发电为主，北非和中东则直接依靠太阳能，日本和菲律宾以其丰富的地热能源为基础，等等。意识到这一点之后，我们所看到的就不只是发达国家在开发利用太阳能中所取得的成就了，我国和印度等发展中国家也存在着无数的杰作。例如，在我国和印度，越来越多的家庭和疗养院安装了太阳能装置以解决热水淋浴问题。目前我国的太阳灶、太阳能热水器、太阳房及太阳能温室，无论是在式样上还是在数量上均居世界首位。类似的发展趋势也表现在其他发展中国家。

由于太阳辐射造成地球各部分受热不均匀而引起空气流动产生的风能也是一种干净的可再生能源。经过数十年的研究与实验，风能利用技术现已进入商业应用阶段。开始利用风力发电、提水、助航、制冷和制热等。

利用氢能

用氢作燃料的优点是热值高，每克液氢燃烧时释放的热量高达 120 千焦，而同样重量汽油的热值仅 42. 8 千焦，前者是后者的 2. 8 倍。更为重要也更有意义的是生产氢的原料是水，氢燃烧的产物也是水，这使得选择氢作为能源时既可以避免产生环境污染问题，又不必担心资源耗竭。这也是它能够成为可供人类今后选择使用的战略能源之一的原因所在。

除军事上的应用外，氢用于发电和各种燃料始于 20 世纪 70 年代。随着制氢、贮存和输送以及利用技术日臻完善，氢的应用领域也逐渐扩大。氢

氢能源汽车

不仅可以作为燃料直接燃烧，可以制成氢燃料电池，而且可用做各种能源的转换介质或中间载体。

氢能系统——氢与其他一次能源相结合的综合能源系统是未来发展的方向，其中的太阳能—氢能综合能源系统更有着广阔的发展前景。

生物质能利用

生物质能是绿色植物通过叶绿素将太阳能转化为化学能而贮存在生物质内部的能量。人类最早使用的能源就是生物质能。直到第一次产业革命之前，世界各国的能源需求大部分都是通过薪柴来实现的。目前，它们依然占全世界能源构成的12%。对于发展中国家来说，它们主要靠木柴和木炭的形式获取能量。联合国的一项统计资料显示，一些发展中国家生物质燃料占其全部能源消费的构成约为35%，居其他各种能源之首。

专家们估计，今后生物质能的利用肯定会有所发展，但发展的方向和以前不同。今后的发展方向主要是依靠热化学转换技术、生物化学转换技术、生物质压块细密成型技术和化学转换技术等新技术提取或置换出木柴和森林工业废弃物、农业废弃物、水生植物、油料植物、城市与工业有机废弃物和动物粪便中所蕴藏的能量，变废为宝，化腐朽为神奇，而不是靠继续燃烧薪柴来获取能量。

发展生物质能新技术的前景是诱人的。地球表层生物质资源十分丰富，每年全球仅光合作用就可产生生物质1200亿吨，其中所含的能量约为当前全球能耗总量的5倍。因此，发展高效生物质燃烧炉的前景是可以肯定的。此外，生物质在微生物的发酵作用下生成沼气、酒精等能源产品的行业在未来将会得到进一步的发展。另外一项值得推荐的做法是在那些未用于（主要是不适于）生产粮食的边际土地上种植能源作物。专家们认为这是一种十分有前途的做法，它将带来多方面的收益。首先，它可以弥补能源供给之不足；其次，大多数土地被绿树覆盖，还会带来固碳效益；最后，它可以替代目前的薪柴消费量，从而有利于保护森林资源和生态环境。

开发节能技术

节能并不是简单地节约能源，而是采取技术上可行、经济上合理以及环境和社会可接受的一切措施，更有效地利用能源。换句话说，节能更多意义上讲求的是追求能源效率。能耗太高、效率太低既有技术上的原因，也有思想观念上的桎梏。前者以发展中国家为主。一些发达国家的人们奢侈地消费能源的观念是极为有害的。美国只有世界人口的1/25，却消耗着世界能源的1/3～1/2，如果全世界的人都按照这一水平来消耗能源，那么地球上的传统能源早已枯竭，难以为继。因此，一种新的资源伦理观念将在人类社会中牢牢地树立起来。

对于工业化国家来说，重要的是，提高能效不应以显著地改变人类目前的生活方式和经济运行体系为前提，这可以说是一种积极的态度。因此，在人们的居住、交通、旅行，享受食品方面所得到的服务应该和以前一样，只不过更为经济而已。这就为未来的房屋建筑、家用电器、城市交通和通信带来了挑战，提出了更高的要求。例如，未来的房屋要求具有极好的密闭性能和良好的机械通风系统，这使得房屋供暖、制冷方面的能源需求有可能降至零。家用电器——电冰箱、空调机、热水器、电灯等的能耗也将大幅度降低。城市交通也将更多地采用高度发达的铁路和公共交通系统耗能极低的小汽车。计算机控制的送货服务和通信手段的日趋完备，既可以提高工作效率又可以提高生活质量。

工业方面，不断提高能源效率的要求也会使之发生显著变化，且这是极其有益的变化。高效电弧炉替代平炉炼钢将减少1/2的能耗；电机设计和维护方面的重大改进所节省的电量可以使全世界少建数百座大型发电站；热电联产能够将整座工厂的能效提高到90%甚至更高。

从某种意义上讲，节能本身就是一种能源，而且，这种能源对合理利用自然资源和保护环境具有重要意义。因此，世界各国都不遗余力地研究、开发节能技术，采取各种政策措施，发展并鼓励使用节能产品。

对于广大的发展中国家来说，它们所面临的挑战是必须尽快跟上发达国家的步伐。然而，它们的经济基础和技术水平明白无误地显示出其困难所在。当然，它们没有像工业化国家那样陷入大量消耗石油、天然气和煤炭等的泥淖，也可能使它们更为轻快地而不必背着许多包袱进入新能源世纪。对于它们来说，希望就是太阳能、生物质能新技术和节能新技术。

一场能源革命将会极大地改变整个世界的面貌，过去是如此，今后仍将如此。人们想象当中的未来世界应该是一个更多安全、更多方便，且更少污染、更少浪费的更有效的世界。在建设未来世界的过程中，能源革命——以洁净能源为主导的能源生产和消费将是最重要的动力因素之一。

采用新材料

材料是各种产业的基础，人类开发利用自然资源水平的优劣也集中体现在材料方面。每一种重要的新材料的发现和应用，都会极大地加速社会发展的进程。这是因为新材料的出现往往伴随着技术上的重大突破乃至科学技术革命的发生，石器—陶器—青铜器—铁器清楚地表明了这一进程。制钢工业的迅速发展，后来成为18世纪产业革命的重要内容和物质基础。人类进入20世纪以来，由于军事和宇航等主导产业的强劲需求，新材料的研制更是异常活跃，科学技术的突飞猛进使得各种新材料以超过以往任何一个时期的速率频频问世。所有这一切都预示着一个“材料革命”的新时代的到来。

有人认为，发生在我们周围的新技术革命的主角是微电子技术、生物工程和新材料3大技术，也有人认为，新材料、新能源和信息技术是现代文明的3大支柱。无论持何种看法，新材料都始终占有一席之地。可见新材料的重要性。

新材料是指那些新近发展或者正在发展的、具有优异性能的结构材料和具有特殊功能的功能材料。发展新技术需要大量具有特殊功能的新材料。例如，计算机技术需要半导体材料、信息记录材料，光通信技术需要光导纤维材料，新能源技术需要超导电材料、太阳能电池材料、储氢材料，宇航技术需要各种新型复合材料。目前世界上已有800多万种人工合成的新材料，并且还在以每年25万种的速度递增。这些新材料分属于金属材料、无机非金属材料、有机高分子材料及复合材料4大类。其中最引人注目的新材料有非晶质金属、新型陶瓷、机能型高分子、单晶体、新型纤维、新合金等。

软塑新材料

新材料对人类社会的贡献是不言而喻的。仅以现代社会为例，半导体材料的出现对于电子工业的贡献无论如何形容都不为过。没有半导体材料，所有的电子产品都不会存在，信息产业也无从谈起，因为缺乏智能微处理器作为其基础。晶体管以及随后进一步发展的集成电路和电脑技术由于镓砷、铝砷等一系列新材料的出现，迎来了30多年历史中的极盛时期。超大型集成电路板的出现，使得无数个电子元器件组合而成的庞然大物瞬间变得“微型化”。微处理机的触角已经伸到人类社会的每一个角落，大到工农业生产、科研教学、交通运输、通信、银行、商店、饭店、医院、家庭服务，小至照相机、收音机、手表等家用电器都可以找到微处理机的身影。这方面的例子比比皆是，不一而足。

增长无极限的观点虽然过于乐观而使人难免有所保留，但它却客观地道出了科技和原材料革命的深远意义，一个由劳动密集型、原料密集型向技术密集型转变的社会将极大地提高人类的能力。一条光纤电缆可以同时传送1000万次通信，足以说明这一切。

有关材料科学与工程的国际战略研究表明，新材料将是方兴未艾的高技术发展的关键，未来社会一个国家的安全、综合实力都将取决于它对新材料技术的掌握程度。

世界各大国和地区中，美、欧、日的新材料技术远远走在其他国家的前面。

发展中国家也不甘示弱。我国依靠重视新材料的研究而成功地独立自主地发展了自己的“两弹一星”。20世纪80年代中期制订的“关键新材料和现代材料科学技术”发展计划，为我国的未来勾画出一个宏伟的蓝图。迄今，一批新材料的涌现迅速填补了国内空白，并且有些品种达到了国际先进水平。突出的如无机非线性光学晶体，三硼酸锂、偏硼酸钡、高掺镁铌酸锂、磷酸精氨酸晶体；稀土新型材料；非晶薄带金属卷材；无水冷陶瓷发动机；高性能树脂复合材料等。

由形形色色的新材料构成的“新材料王国”仍在继续壮大、发展。伴随着固体物理、有机化学、量子化学、固体力学、冶金科学、陶瓷科学、生物学、微电子学、光电子学等多种学科的最新成就，许多不为人知的新兴材料将相继登上未来社会的材料舞台。

新材料涌现速度的加快是符合“节约资源和能源”这个主题的，这决定了它的生命力将是持久的。在可预见的未来，新材料将极大地改变当今的产业结构。

加强资源的再次利用

资源的再次利用是伴随着资源的高消费水平而出现的。

19 世纪第一次产业革命发生以前，人类的资源（确切地说是原材料）消费量并不很大，当然木材是一个例外。然而，自那时以后，原材料的使用量便以前所未有的速率增长，尤其是化石燃料和矿物原料的使用量更是直线上升。以工业化国家为例，这些国家是建立在大量消耗原材料和能源基础上的，最近 20 年来这些国家的人均原材料产量和消费量仍在继续增加。从 20 世纪初直到 20 世纪 60 年代末，美国人均钢材、水泥、纸张和无机化学制品的消费一直在增加。世界观察研究所发表的资料表明，尽管目前西方各工业化国家的材料消费水平趋于稳定，但和历史水平相比还是相当高的。美国仅 1940 ~ 1970 年的 30 年间所消费的矿物原料比全世界 1940 年以前消费的所有矿物原料还要多。

发展中国家的资源消费无疑在以一个更大的速率增长，这是它们为了追求更快的发展速度而造成的。然而由于基数很小，发展中国家和发达国家之间在人均原材料消费水平方面的差距仍然很大。如日本人均消耗的钢材曾是我国的 8 倍，美国则是墨西哥的 3 倍。美国人均纸张消费量是拉丁美洲的 11 倍，美国人均镍的消费量是印度的 24 倍。

由于各自的经济实力和发展水平差别较大，发达的工业国家和发展中国家对于资源高消费的主要危险的认识不尽相同。

发达的工业国家认为，这种危险主要表现在提炼和加工原材料对环境产生的连续破坏。它们认为对原材料的获取和加工是人类最具破坏性的活动。每年，由于维持巨大数量的原料生产，数百万公顷的土地被毁坏，几百万棵树木被砍伐，而且还不可避免地要产生数十亿吨的固体废物。采矿也是如此，采矿为工业化社会提供了大部分原料，但同时它也是人类最具破坏性的活动之一。举例来说，采矿通常要清除掉矿床上面的生态系统或人类的居住地，从矿石中提炼有益组分要消耗大量能源，同时还会产生大量的污染和废物（尾砂等）。

这些污染并不广为人知。矿山开采所造成的污染是立体交叉式的，矿山废液不仅污染地表水，而且污染土壤并通过向下渗透污染地下水。此外，在后续的熔炼阶段释放出的大量有毒化学物质二氧化硫、砷和重金属对周围地区的空气造成了污染。

这是原料生产—消费循环的一端的情形。在另一端，以前绝大多数国家都是把各自消耗了的大部分原材料作为废物抛弃掉（这种情况目前已经有所改观），这就产生了废物处理难题，甚至一度导致了“垃圾危机”。

对于这一点，发展中国家都有同感。和发达国家认识上的差异是，发展中国家更担心的是高消费将耗尽其所拥有的资源。

无论是发展中国家还是发达国家，在一个问题上的看法是一致的，即必须重视并解决日益增加的“废物”问题。这对于试图提高资源利用效率的国家来说尤为重要。解决问题的途径有两种：①减少原材料和能源的消费量，以尽可能少的、最合适的原材料来满足人们的需要；②废弃物资源化。前者在有关的开发新能源和新材料章节里可以找到答案，后者实际上就是资源二次利用。

资源再次利用的内容非常广泛，简单地说，包括生产过程中的尾矿（砂）、废弃物的再利用，产品的直接再使用、回收利用等。具体地说，资源再次利用包括：从废弃物处理中回收某些物质，利用废弃物制取新的物质，回收废弃物并经过深加工获得新用途，从废弃物中回收能源，以及某些产品的重复使用等。自20世纪70年代世界性的以能源危机为标志的资源危机爆发以后，全世界加快了资源二次利用的步伐，特别是日本和西欧一些人口密度大、资源匮乏的国家已走在了世界的前列。日本已经做到了将其垃圾的26%～39%加以回收利用，西德的居民则回收利用了1/3的纸张（每年生产的新纸浆中废纸浆比率达50%）、铝和玻璃。欧洲其他国家的废玻璃利用率达50%。美国也不甘落后，而且在废金属回收利用方面卓有成效。据报道，美国铜、铅、锑等废金属的回收利用量占其消费量的比重超过了50%。

正在排放的尾矿

废弃物的回收利用已逐渐发展成为社会的一大产业。

废弃物的回收利用使西方工业国家可以减少焚烧垃圾和掩埋垃圾的数量，从而达到环境保护的重要目标。对于更多的国家（包括上述发达的西方国家）来说，直接的经济效益和资源效益更能说明问题的实质。废铝回炼所需的能源只相当于从铝土矿矿石中炼铝能耗的5%；利用废钢材炼钢可降低能耗2/3；用碎玻璃回炉重熔，比从头生产节约近1/3的能源；用回收废纸造白报纸，比用纸浆节约40%～75%的能源；而一个重为12盎司的可重装玻璃瓶重复使用10次所需的能源，只为再生铝罐或玻璃容器每使用一次所需能源的24%。

对于所有的国家来说，废弃物循环利用还是直接使土地、大气和水污染大幅度减少的关键性手段之一。有资料表明，利用废钢铁炼钢可以使空气污染减少85%，水污染减少76%；利用废纸造纸可以减少74%的空气污染物和35%的水污染物。

正是基于上述这些因素，人们有理由相信资源二次利用产业化的趋势将会一浪高过一浪，并终将成为一个充满前途和活力的新兴产业。

目前，已经提出了不同种类的废弃物回收利用的相对价值排序表，即利用已使用过的物品制造同类新产品是最有价值的，而价值最小的是将废料变成物理特性差的产品，其中的判断标准是所回收的材料是否用来替代生产中的原材料，以便形成良好的封闭循环系统。

废弃物回收利用的总目标，也可以说是资源回收利用的总目标是减少进入社会及由社会产出的材料总量，以免除原材料的提炼和加工，或减少处理废物的环境费用。这一目标也是未来社会的资源二次利用目标。

从上述标准和目标出发，我们应在鼓励对废弃物进行广泛回收利用的前提下，提醒人们特别要重视玻璃和金属材料的回收利用。道理不言而喻：回收这些材料可节约大量的能源，并可减少原材料生产产生的各种污染。其次是水和纸张的回收利用。城镇居民用水和工业废水的循环使用是解决供水不足的最有效、最简捷的办法，部分国家已经这样做了，预计 21 世纪水的循环使用将在大部分国家里得到普及。纸张的回收利用在人们的印象之中是做得最好的，今天我们看到的报纸、书刊一类的印刷品越来越多地出现了回收利用的标志。

然而，值得重视的一个问题是：工艺越来越复杂的合成材料再次回收利用的余地不如使用天然原材料制成的产品回收利用的余地大，这是未来需要解决的。除此之外，来自若干研究中心的令人鼓舞的研究成果，为人类最终能够抛弃以前乃至今天我们所处的“浪费的社会”树立了坚强的信心。

据纽约昆斯学院自然系统生物中心的研究人员估计，目前美国固体废弃物的理论回收率可达 85% ~90%，而且纽约东汉普顿 100 个自愿者家庭参与的一项试验计划，已经取得了 84% 的废弃物回收率的优异成绩。这表明了资源二次利用的潜力所在。

再来看一下原料生产过程中的废弃物再利用问题。

金属矿山尾矿（砂）的处理比较复杂。在多数发展中国家，由于技术方面的限制只能将大部分的尾矿堆置于山涧、沟谷或可耕地上，从而带来了严重的环境生态问题。这里要讨论的是这些尾矿中所含有的大量有用组分——共伴生金属（元素）或品位较低的矿石，以及大量的脉石矿物（石英和硅酸盐等）——的再利用问题。从理论上讲，这些尾矿都可以加以利用，但目前由于技术尚不过关、成本较高以及市场等原因还很难做到这一点。本来，其中的脉石矿物是极好的砖、瓦、卫生陶瓷等建筑材料，但由于离市场太远——大多数金属矿山都位于偏僻的山区或远离人类居住的地方，综合利用的步伐显得缓慢、沉重和力不从心。然而，未来的技术进步和资源需求方面的渴望将会彻底解决这一问题，现在的一些成功的尝试预示了这一前景的存在。

煤矿开采中的煤矸石和粉煤灰也属于此类问题，不同的煤矸石和粉煤灰的利用已经被广泛地加以重视并付诸行动了。只要有煤炭开采就必然伴随而来的矸石也是一种资源，这种认识为越来越多的人所接受，有关的研究机构在政府的大力支持下，开发出许多种有效利用煤矸石的技术和工艺，并致力于在更大的范围内推广应用。粉煤灰中残余的热值使得它可以重新被制成各种型煤而再次贡献出自己的能量。

向生态农业转化

农业是人类生存之本、衣食之源。

世界上大多数国家经历了或正在经历着农业发展的几个必然阶段：原始的刀耕火种农业、传统的畜力铁器农业和现代的工业式农业。

以农业机械化和能源、化学肥料大量投入为特征的现代农业在发挥出巨大增产潜力的同时也带来了各种各样的灾难。这实际是能量密集型农业。美国科学院前院长汉德勒曾说过："谷物生产之所以能取得大丰收，是由于现代能量密集的农业已经把应用遗传学、灌溉、杀虫剂、除草剂、化肥和机械化同增加产量结合起来，结果现代农业利用日光把矿物原料转变成食用作物。"以美国玉米为例，从 1945 年至 1970 年每英亩投入的能量增长了 213%，而玉米产出仅增长了 138%，也就是说，单位能量投入的增产效益不断递减。这期间每投入 1 卡能量，以粮食形式回收的能量差不多减少了 25%。现代农业对有限的矿物原料、燃料的高度依赖及其能量投入效益的递减，使这种农业变得十分脆弱并日益走向了死胡同。联合国粮农组织警告

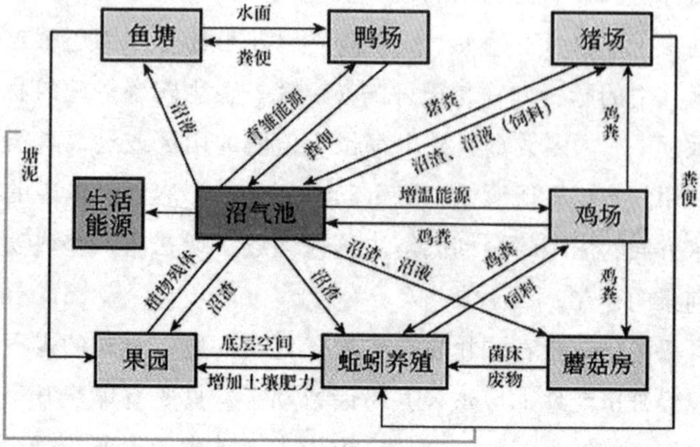

生态养殖模式

说，耕地的锐减，土地退化，众多动、植物濒临灭绝，世界农业正面临着严重威胁。

现代农业过于忽视了农业自身的特点，忽视了农业资源内部可以不断更新、补充、恢复这一自然循环过程，而过分强调了外部的“人工控制”，农业生态危机难以避免，其后果使现代农业难以为继。20 世纪 90 年代以后，许多国家的情况表明其农业正处于一个转折时期，因为增加化肥施用量也很少能促进粮食增产了。

同样，将现代农业的希望完全寄托于农业生物技术的思想也是不现实的。一方面，虽然遗传工程的研究取得了重大突破，但其在近期内最有成效的应用领域局限于医药、动物科学和微生物学领域，“要开发出一套能显著提高主要农作物品种的产量的生物技术手段可能还需要相当长的时间”。另一方面，对人类暂时有利的人为创造出来的新物种终将遭到自然界的排斥，而人类也将因为新物种破坏了自然界的生态平衡，而受到大自然严厉的惩罚。

现代农业的历史经验与教训促使人们重新评估、认识农业的发展道路以及采取何种发展模式等战略性问题。

20 世纪 60 年代，美英一些有识之士提出，发展农业的道路是建立能尽量保留自然生态结构和机能的生产体系。这实际上就是提出了发展生态农业的思想。

1979 年在英国召开的第一届国际生物农业会议鲜明地指出："生态农业有代替有机农业（传统农业）的发展趋势。"我国在 1980 年全国第一次农业生态经济学术讨论会以后也开始构思具有中国特色的生态农业发展战略。

所谓生态农业，是一种遵循生态经济学规律进行经营和管理的集约化农业体系。生态农业要求在宏观上协调生态经济系统结构，协调生态—经济—技术关系，促进生态—经济系统的稳定、有序、协调发展，建立宏观的生态经济动态平衡；在微观上做到各层次分级物质循环和综合利用，提高能量（光能和生物能）转换与物质循环效率，建立微观的生态经济平衡。一个成功的生态农业体系不仅可以做到以较少的投入为提供数量大、品种多、质量高的农副产品，而且能够保护资源、不断增加可再生资源量，提高环境质量。

美国不仅是世界工业大国，也是世界农业大国。自 20 世纪 50 年代以后，美国的农业一直依赖于大量施用化肥和农药，并采用重型机械化耕作方式，其结果一方面不断提高了生产力，另一方面生产成本日益增加，更为严重的是带来了土壤侵蚀、农作物品质变化、地表和地下水污染等许多问题。在这种情况下，美国的一些小型农业主开始尝试逐步减少化肥投入量，改为采用另外一些在经济和环境保护方面均有利可图的生产方式，如综合考虑营养物质的循环、固氮过程和其他自然作用的影响，进行虫害综合治理，改进农作物格局，以便更好地处理农作物与耕地生产潜力和自然条件制约因素之间的关系。结果表明，这是一种"可供选择的改变未来农业面貌的低投入农业"。

受此影响，一些大型农场主对此新生事物也产生了浓厚的兴趣。一家种植葡萄的农业公司未用除莠剂和杀虫剂，未施用化肥而改用混合粪肥，结果使农场的葡萄产量增加了二成以上，达到每英亩 653 箱，而原来生产方式下的一般产量为每英亩 522 箱。

类似的事例还包括其他果树、蔬菜、稻米、畜牧场等农业生产基地的有益尝试。对此，美国全国研究理事会的报告认为：这些新的农业生产方法通常能获得"有效而持续的经济效益和环境保护"。

我国的生态农业已进入了示范工程的发展阶段。生态农业在我国发展很快缘于两个方面的原因：①我国传统的有机农业有很多方面符合生态农业的原则，如充分用地、积极养地、用养结合，因地制宜、农牧结合、多种经营，综合防治病虫害等。这就为发展生态农业奠定了良好的基础。②中国指导思想和认识水平的提高。由于人口基数过大，全社会对粮食的需求一直处于旺盛增长状态。为了维持不断增加的人口对粮食的需求，有限的可耕地只好无休止地耕作，土壤肥力的持续下降几乎使土地潜在的生产力遭到破坏，传统农业已难以适应现代化的需要。在这种情况下，有两条道路可供选择：一是走西方发达国家能量密集型的老路；二是吸取当代国际农业发展的历史经验，结合我国实际走生态农业的道路。显然后一种选择是明智之举。正是基于这种认识，我国政府提出了发展“大农业”“优质、高效、高产型农业”的指导思想，要求“发展农业生产，必须保护农业生态平衡”。并提出了绿色食品的口号的内容，建立绿色蔬菜基地。

事实上，我国在这方面的努力是极为成功的。在全国广大的农村建立了为数不少的生态农业示范工程，而且这些示范工程具有类型多种多样的特点，其中有农田型、森林型、草地型、湖泊型、沙漠型、流域型等。除

现代生态农业园

实现农业生产和生态环境协调发展目标之外，这些示范工程还有一个更为积极的意义，即同时为农村的脱贫致富开创了新的途径，提供了很好的范例。

我国的生态农业强调建立复杂的立体农业结构，要求产品多样化。如农田型生态农业就是一种以种植业为主，辅以畜牧业、加工业、渔业、林业等所构成的重复利用式的主体网络结构。而草地型生态农业则是以种草为纽带，将种草与养畜、养地、保持水土结合起来，形成“土地—植物—动物三位一体”的草地农业系统，这已成为北方黄土高原地区农村经济发展的首选模式。我国的生态农业创造了众多的世界第一，成为具有中国特色的生态农业典范。这是我国生态农业和西方的区别之一。

区别之二是我国的生态农业与农村经济的发展紧密挂钩，这是我国的国情所决定的。因此，农工商结合、产供销结合成为中国生态农业的又一个不同于西方的特点。

当然，上面介绍的美国和中国正在发展中的生态农业还只是一个雏形，距离理想的生态农业还很遥远。

由于生态农业能够在一个较高的水平上体现生态效益、经济效益和社会效益的统一，我们仍然有理由相信生态农业代表着农业未来的发展方向。应当看到，生态农业的兴起，不仅仅是一个新事物的出现，而是人与自然界反复磨合的结果，是人类思想发展到今天的必然结果。

附录一 《人类环境宣言》

联合国人类环境会议于1972年6月5~16日在斯德哥尔摩举行，考虑到需要取得共同的看法和制定共同的原则以鼓舞和指导世界各国人民保持和改善人类环境，兹宣布：

1. 人类既是他的环境的创造物，又是他的环境的塑造者，环境给予人以维持生存的东西，并给他提供了在智力、道德、社会和精神等方面获得发展的机会。生存在地球上的人类，在漫长和曲折的进化过程中，已经达到这样一个阶段，即由于科学技术发展的迅速加快，人类获得了以无数方法和在空前的规模上改造其环境的能力。人类环境的两个方面，即天然和人为，对于人类的幸福和对于享受基本人权，甚至生存权利本身，都是必不可缺少的。

2. 保护和改善人类环境是关系到全世界各国人民的幸福和经济发展的重要问题，也是全世界各国人民的迫切希望和各国政府的责任。

3. 人类总是不断地总结经验，有所发现，有所发明，有所创造，有所前进。在现代，人类改造其环境的能力，如果明智地加以使用的话，就可以给各国人民带来开发的利益和提高生活质量的机会。如果使用不当，或轻率地使用，这种能力就会给人类和人类环境造成无法估量的损害。在许多地区，我们可以看到周围有越来越多的人为损害的迹象：在水、空气、土壤以及生物中污染达到危险的程度；生物界的生态平衡受到严重的扰乱；一些无法取代的资源受到破坏或陷于枯竭；在人为的环境，特别是生活和工作环境里存在着有害于人类身体、精神和社会健康的严重缺陷。

4. 在发展中国家，环境问题大半是由于发展不足造成的。千百万人的生活仍然远远低于像样的生活所需要的最低水平。他们无法取得充足的食物和衣服、住房和教育、保健和卫生设备。因此，发展中国家必须致力于发展工作，牢记他们优先任务和保护及改善环境的必要。

为了同样目的，工业化国家应当努力缩小他们自己与发展中国家的差距。在工业化国家里，环境一般同工业化和技术发展有关。

5. 人口的自然增长继续不断地给环境保护带来一些问题，但是如果采取适当的政策和措施，这些问题是可以解决的。世间一切事物中，人是第一宝贵的。人民推动着社会进步，创造着社会财富，发展着科学技术，并通过自己的辛勤劳动，不断地改造着人类环境。随着社会进步和生产、科学及技术的发展，人类改善环境的能力也与日俱增。

6. 现在已达到历史上这样一个时刻：我们在决定在世界各地的行动时，必须更加审慎地考虑它们对环境产生的后果。由于无知或不关心，我们可能给我们所依赖的地球环境造成巨大的无法挽回的损害。反之，有了比较充分的知识和采取比较明智的行动，我们就可能使我们自己和我们的后代在一个比较符合人类需要和希望的环境中过着较好的生活。改善环境的质量和创造美好生活的前景是广阔的。我们需要的是热烈而镇定的情绪，紧张而有秩序的工作。为了在自然界里取得自由，人类必须利用知识在同自然合作的情况下建设一个较好的环境。为了这一代和将来的世世代代，保护和改善人类环境已经成为人类一个紧迫的目标，这个目标将同争取和平、全世界的经济与社会发展这两个既定的基本目标共同和协调地实现。

7. 为实现这一环境目标，将要求公民和团体以及企业和各级机关承担责任，大家平等地共同努力。各界人士和许多领域中的组织，凭其有价值的品质和全部行动，将确定未来的世界环境的格局。各地方政府和全国政府，将对在其管辖范围内的大规模环境政策和行动，承担最大的责任。为筹措资金以支援发展中国家完成它们在这方面的责任，还需要进行国际合作。种类越来越多的环境问题，因为它们在范围上是地区性或全球性的，或者因为它们影响着共同的国际领域，所以这将要求国与国之间广泛合作，要求国际组织采取行动以谋求共同的利益。会议呼吁各国政府和人民为着全体人民和他们子孙后代的利益而作出共同的努力。

这些原则申明了共同的信念：

1. 人类有权在一种能够享受尊严和福利的生活环境中，享有自由、平等和充足的生活条件的基本权利，并且负有保护和改善这一代和将来世世代代的环境的庄严责任。在这方面，推动或维护种族隔离、种族分离与歧视、殖民主义和其他形式的压迫及外国统治的政策，应该受到谴责清除。

2. 为了这一代和将来世世代代的利益，地球上的自然资源，其中包括空气、水、土地、植物和动物，特别是自然生态类中具有代表性的标本，必须通过周密计划或适当管理加以保护。

3. 地球生产非常重要的再生资源的能力必须得到保持，而且在实际可能的情况下加以恢复或改善。

4. 人类负有特殊的责任保护和妥善管理由于各种不利的因素而现在受到严重危害的野生生物后嗣及其产地。因此，在计划发展经济时必须注意保护自然界，其中包括野生生物。

5. 在使用地球上不能再生的资源时，必须防范将来把它们耗尽的危险，并且必须确保整个人类能够分享从这样的使用中获得的好处。

6. 为了保证不使生态环境遭到严重的或不可挽回的损害，必须制止在排除有毒物质或其他物质以及散热时其数量或集中程度超过环境能使之无害的能力。应该支持各国人民反对污染的正义斗争。

7. 各国应该采取一切可能的步骤来防止海洋受到那些会对人类健康造成危害的、损害生物资源和破坏海洋生物舒适环境的或妨害对海洋进行其他合法利用的物质的污染。

8. 为了保证人类有一个良好的生活和工作环境，为了在地球上创造那些对改善生活质量所必要的条件，经济和社会发展是非常必要的。

9. 由于不发达和自然灾害的原因而导致环境破坏造成了严重的问题。克服这些问题的最好办法，是移用大量的财政和技术援助以支持发展中国家，并且提供可能需要的及时援助，以加速发展工作。

10. 对于发展中的国家来说，由于必须考虑经济因素和生态进程，因此，使初级产品和原料有稳定的价格和适当的收入是必要的。

11. 所有国家的环境政策应该提高，而不应该损及发展中国家现有或将来的发展潜力，也不应该妨碍大家生活条件的改善。各国和各国际组织应该采取适当步骤，以便应付因实施环境措施所可能引起的国内或国际的经济后果。

12. 应筹集资金来维护和改善环境，其中要照顾到发展中国家的情况和特殊性，照顾到它们由于在发展计划中列入环境保护项目而需要的任何费用，以及应它们的请求而供给额外的国际技术和财政援助的需要。

13. 为了实现更合理的资源管理，各国应该对其发展计划采取统一和协议的做法，为了人民的利益，使发展同保护和改善人类环境的需要相一致。

14. 合理的计划是协调发展与保护和改善环境的需要相一致。

15. 人的定居范围和城市化工作必须合理规划，以避免对环境的不良影响，争取获得社会、经济和环境三方面的最大利益。在这方面，必须停止为殖民主义和种族主义统治而制订的项目。

16. 在人口增长率或人口过分集中可能对环境或发展产生不良影响的地区，或在人口密度过低可能妨碍人类环境改善和阻碍发展的地区，都应采取不损害基本人权和有关政府认为适当的人口政策。

17. 必须委托适当的国家机关对国家的环境资源进行规划、管理或监督，以期提高环境质量。

18. 为了人类的共同利益，必须应用科学和技术以鉴定、避免和控制环境恶化并解决环境问题，从而促进经济和社会发展。

19. 为了更广泛地扩大个人、企业和基层社会在保护和改善人类各种环境方面提出开明舆论和采取负责行为的基础，必须对年轻一代和成人进行环境问题的教育，同时应该考虑到对不能享受正当权益的人进行这方面的教育。

20. 必须促进各国，特别是发展中国家在国内和国际范围内从事有关环境问题的科学研究及其发展。在这方面，必须支持和促使最新科学情报和经验的自由交流以便解决环境问题；应该使发展中国家得到环境工艺，其条件是鼓励这种工艺的广泛传播，而不成为发展中的国家的经济负担。

21. 按照联合国宪章和国际法原则，各国有按自己的环境政策开发自己资源的主权；并且有责任保证在他们管辖或控制之内的活动，不致损害其他国家的或在国家管辖范围以外地区的环境。

22. 各国应进行合作，以进一步发展有关他们管辖或控制之内的活动对他们管辖以外的环境造成的污染和其他环境损害的受害者承担责任和赔偿问题的国际法。

23. 在不损害国际大家庭可能达成的规定和不损害必须由一个国家决定的标准的情况下，必须考虑各国的现行价值制度和考虑对最先进的国家有效，但是对发展中国家不适合和具有不值得的社会代价的标准可行程度。

24. 有关保护和改善环境的国际问题应当由所有的国家，不论其大小，在平等的基础上本着合作精神来加以处理，必须通过多边或双边的安排或其他合适途径的合作，在正当地考虑所有国家的主权和利益的情况下，防止、消灭或减少和有效地控制各方面的行动所造成的对环境的有害影响。

25. 各国应保证国际组织在保护和改善环境方面起协调的、有效的和能动的作用。

26. 人类及其环境必须免受核武器和其他一切大规模毁灭性手段的影响。各国必须努力在有关的国际机构内就消除和彻底销毁这种武器迅速达成协议。

附录二 《里约环境与发展宣言》

联合国环境与发展会议，于 1992 年 6 月 3 ~ 14 日在里约热内卢举行，会议重申 1972 年 6 月 16 日在斯德哥尔摩通过的联合国《人类环境宣言》，并试图在其基础上再推进一步，怀着在各国、在社会各个关键性阶层和在人民之间开辟新的合作层面，从而建立一种新的、公平的全球伙伴关系的目标，致力于达成既尊重所有各方的利益，又保护全球环境与发展体系的国际协定，认识到我们的家乡——地球的整体性和相互依存性，兹宣告：

原则 1

人类处于普受关注的可持续发展问题的中心。他们应享有以与自然相和谐的方式过健康而富有生产成果的生活的权利。

原则 2

根据《联合国宪章》和国际法原则，各国拥有按照其本国的环境与发展政策开发本国自然资源的主权权利，并负有确保在其管辖范围内或在其控制下的活动不致损害其他国家或在各国管辖范围以外地区的环境的责任。

原则 3

为了公平地满足今世后代在发展与环境方面的需要，求取发展的权利必须实现。

原则 4

为了实现可持续的发展，环境保护工作应是发展进程的一个整体组成部分，不能脱离这一进程来考虑。

原则 5

为了缩短世界上大多数人生活水平上的差距，更好地满足人们的需要，所有国家和所有人都应在根除贫穷这一基本任务上进行合作，这是实现可持续发展的一项不可少的条件。

原则 6

发展中国家，特别是最不发达国家和在环境方面最易受伤害的发展中国家，它们的特殊情况和需要应受到优先考虑。环境与发展领域的国际行动也应当着眼于所有国家的利益和需要。

原则 7

各国应本着全球伙伴精神，为保存、保护和恢复地球生态系统的健康和完整进行合作。鉴于导致全球环境退化的各种不同因素，各国负有共同的但是又有差别的责任。发达国家承认，鉴于它们的社会给全球环境带来的压力，以及它们所掌握的技术和财力资源，他们在追求可持续发展的国际努力中负有责任。

原则 8

为了实现可持续的发展，使所有人都享有较高的生活质量，各国应当减少和消除不能持续的生产和消费方式，并且推行适当的人口政策。

原则 9

各国应当共同合作，加强本国能力的建设，以实现可持续发展，做法是通过开展科学和技术知识的交流来提高科学认识，并增强各种技术——包括新技术和革新性技术的开发，适当地修改、传播和转让。

原则 10

环境问题最好是在全体有关市民的参与下，在有关级别上加以处理。在国家一级，每一个人都应能适当地获得公共当局所持有的关于环境的资料，包括关于在其社区内的危险物质和活动的资料，并有机会参与各项决策进程。各国应通过广泛提供资料鼓励公众认识和参与。应让人人都能有效地使用司法和行政程序，包括补偿和补救程序。

原则 11

各国制定有效的环境立法。环境标准、管理目标和优先次序应该反映它们适用的环境与发展范畴。一些国家所实施的标准对别的国家特别是发展中国家可能是不适当的，也许会使它们承担不必要的经济和社会代价。

原则 12

为了更好地处理环境退化问题，各国应该合作促进一个支持性和开放的国际经济制度，这个制度将会导致所有国家实现经济成长和可持续发展。为环境目的而采取的贸易政策措施不应该成为国际贸易中的一种任意或无理歧视的手段或伪装的限制。应该避免在进口国家管辖范围以外单方面采取对付环境挑战的行动。解决跨越国界或全球性环境问题的环境措施应尽可能以国际协调一致为基础。

原则 13

各国应制定关于污染和其他环境损害的责任和赔偿受害者的国家法律。各国还应迅速并且更坚决地进行合作，进一步制定关于在其管辖或控制范围内的活动对在其管辖外的地区造成的环境损害的不利影响的责任和赔偿的国际法律。

原则 14

各国应有效合作阻碍或防止任何造成环境严重退化或证实有害人类健康的活动和物质迁移和转让到他国。

原则 15

为了保护环境，各国应按照本国的能力，广泛适用预防措施。遇有严重或不可逆转损害的威胁时，不得以缺乏科学充分确实证据为理由，延迟采取符合成本效益防止环境恶化的措施。

原则 16

考虑到污染者原则上应承担污染费用的观点，国家当局应该努力促使内部负担环境费用，并且适当地照顾到公众利益，而不歪曲国际贸易和投资。

原则 17

对于拟议中可能对环境产生重大不利影响的活动，应进行环境影响评价，作为一项国家手段，应由国家主管当局作出决定。

原则 18

各国应将可能对他国环境产生突发的有害影响的任何自然灾害或其他

紧急情况立即通知这些国家。国际社会应尽力帮助受灾国家。

原则 19

各国应将可能具有重大不利跨越国界的环境影响的活动向可能受到影响的国家及时地提供通知和有关资料，并应在早期阶段诚意地同这些国家进行磋商。

原则 20

妇女在环境管理和发展方面具有重大作用。因此，她们的充分参加对实现持久发展至关重要。

原则 21

应调动世界青年的创造性、理想和勇气，培养全球伙伴精神，以期实现持久发展和保证人人有一个更好的将来。

原则 22

土著居民及其社区和其他地方社区由于他们的知识和传统习惯，在环境管理和发展方面具有重大作用。各国应承认和适当支持他们的特点、文化和利益，并使他们能有效地参加实现持久的发展。

原则 23

受压迫、统治和占领的人民，其环境和自然资源应予保护。

原则 24

战争定然破坏持久发展。因此各国应遵守国际法关于在武装冲突期间保护环境的规定，并按必要情况合作促进其进一步发展。

原则 25

和平、发展和保护环境是互相依存和不可分割的。

原则 26

各国应和平地按照《联合国宪章》采取适当方法解决其一切的环境争端。

原则 27

各国和人民应诚意地本着伙伴精神、合作实现本宣言所体现的各项原则，并促进国际法持久发展方面的进一步发展。

（1992 年 6 月 14 日在里约通过）